岩石・鉱物のための熱力学

Thermodynamics in Mineralogy and Petrology

内田悦生 著

共立出版

まえがき

　大学における理工系基礎科目のうち，熱力学は理解し難い科目の1つであり，多くの学生がその講義にうんざりし，敬遠されがちな科目である．高校ではこの熱力学に関して，反応熱，比熱，平衡定数，理想気体の状態方程式などのことしか教わっておらず，大学に進学するとエントロピー，ギブスエネルギー，相律などといった今までに聞いたことのない新しい概念や用語が出現するとともに，熱力学の導入部分を厳密に行なうと多くの難解な微分・積分の式が出現し，複雑で難しい印象を与えてしまう．しかしながら，実用的な熱力学は決してそれほど難しくはなく，導入部分の厳密さをある程度無視するならば決して理解できない科目ではない．地球の構成物質である岩石・鉱物の生成環境を探る上で熱力学は重要であり，熱力学の理解なくしては岩石・鉱物の成因の理解は成り立たないといっても過言ではない．ここでは，大学の教養科目として取りあえず熱力学の基礎を学習したことを前提に，岩石・鉱物および熱水の熱力学的な取り扱い方に関して解説する．

　本書では，はじめに，最も重要な熱力学ポテンシャルであるギブスエネルギーについて述べ，純粋な固相物質（鉱物）に対するギブスエネルギーの温度・圧力依存性に関して解説する．そして，気体および固溶体の熱力学的取り扱い方について述べた後，鉱物共生の熱力学を取り扱う．本書では，これらに加え，熱水の関与した系も取り扱い，熱水の熱力学，そして，岩石・鉱物と熱水との相互作用に関する熱力学的取り扱い方について述べる．

　本書は，筆者がこの20数年間，大学の学部ならびに大学院において行なってきた講義のうち，岩石・鉱物の熱力学に関連した内容をまとめたものである．筆

者は卒業研究においてコンピュータを用いた鉱物相平衡計算システムの開発を行なって以来，スカルン（炭酸塩岩の関与した接触交代作用によって形成された岩石）の相平衡解析，鉱物・岩石と熱水間における元素分配実験とその熱力学的解析，地熱系における岩石-熱水相互作用の数値計算などを行なってきており，熱力学とは密接に関わり合いながら研究活動を行なってきた．

　大学で岩石・鉱物の熱力学を講義するにあたり，適切な内容の教科書がないことには悩まされてきた．今となっては古い本であるが，都城秋穂先生が1965年に出版された名著「変成岩と変成帯」の第4章「地殻の化学熱力学」を参考資料として配布し，講義を行なってきたが，必ずしも内容的には十分ではないため，この本を基に他の内容をつけ加えながら講義を行なってきた．しかしながら，講義に則した本なくしては，学生が思うように予習・復習を行なうことができないことから，本書を執筆することを決意した．実は，この決意を抱くにあたり，もう1つの重要な要因がある．研究室の私の机のすぐ左側に書棚があり，机の高さとほぼ同じ位置に古い数冊の鉱物に関する熱力学データ集が置いてある．その表紙の右上には「am」と手書きされている．これはまさに上述した都城秋穂先生のサインである．実は，これらの本は都城先生から直接いただいたものではなく，都城先生と同じく変成岩岩石学の大家である坂野昇平先生から頂戴したものである．日本のある雑誌に投稿した論文の受理に関して意見が分かれ，第三の査読者として坂野先生が選任されたのが，直接，坂野先生と接するきっかけである．坂野先生がわざわざ研究室を訪れてくださり，お陰さまで論文は無事受理された．それに加え，日本語で書いた論文を英語で書くように勧めていただき，投稿先まで準備していただいた．この一連のことに関連して坂野先生が私の研究室に送っていただいた本が，先ほどの「am」のサインが入った熱力学データ集である．坂野先生によるとこの本は都城先生からいただいたものであり，「これからの岩石・鉱物熱力学は君に任せる」と言われて渡されたとのことである．坂野先生からこれらの本を頂戴したことは大変に光栄であるが，同時に，重荷にもなっている．このような経緯もあり，少しでも今は亡き坂野先生の期待に応えるべく本書を執筆する決意に至った次第である．

　独立行政法人産業技術総合研究所の竹野直人氏，ならびに放送大学の大森聡一氏には本書の原稿に目を通していただき，多くの貴重なご指摘・ご意見を頂戴し

た．また共立出版(株)編集部の赤城圭さんには，本書の出版を実現するにあたりご尽力いただくとともに編集をご担当いただいた．ここに感謝の意を表する．

2012 年 8 月

内 田 悦 生

目　次

第1章　熱力学ポテンシャル 　1
　1.1　物質の安定関係とギブスエネルギー ･････････････････････ 1
　1.2　熱力学ポテンシャル ･････････････････････････････････ 3
　1.3　ギブスエネルギーの温度・圧力依存性 ･････････････････････ 6
　　　1.3.1　ギブスエネルギーの温度依存性 ･････････････････････ 6
　　　1.3.2　ギブスエネルギーの圧力依存性 ･････････････････････ 9
　　　1.3.3　ギブスエネルギーの温度・圧力依存性 ･･････････････ 11
　1.4　化学ポテンシャル ･････････････････････････････････ 13
　1.5　鉱物に対する熱力学的データ ･･････････････････････････ 13
　1.6　生成ギブスエネルギーと見掛けの生成ギブスエネルギー ････ 17

第2章　気体の熱力学 　21
　2.1　理想気体 ･･ 21
　2.2　実在気体とフガシティー ･･････････････････････････････ 21
　2.3　実在気体に対する状態方程式 ･･････････････････････････ 23
　2.4　混合気体 ･･･ 28
　2.5　気体が関与した化学平衡 ･････････････････････････････ 30
　2.6　H_2O と CO_2 の熱力学的データ ･････････････････････ 34

第3章　固溶体の熱力学 　38
　3.1　理想溶液 ･･ 38

3.2	正則溶液	40
3.3	離溶現象	45
3.4	非対称正則溶液	48
3.5	元素分配と地質温度計・圧力計	49
3.6	多席固溶体	53
	3.6.1 結晶内元素交換反応を伴わない多席固溶体	53
	3.6.2 結晶内元素交換反応を伴う多席固溶体	55

第4章 鉱物共生の熱力学 59

4.1	ギブスの相律	59
4.2	鉱物学的相律	63
4.3	岩石構成成分の熱力学的取り扱い	64
4.4	組成-化学ポテンシャル図	66
4.5	負の自由度と多束線図	67
4.6	完全移動性成分の関与した系に対する熱力学ポテンシャル	70
4.7	化学反応式の求め方	74
4.8	$\log f_{O_2}$ - $\log f_{S_2}$ 図	80
4.9	ギブスエネルギー最小化法による相平衡計算	84
4.10	鉱物相平衡計算ソフトウェア	89

第5章 水溶液の熱力学 90

5.1	水と水溶液	90
	5.1.1 水の性質と構造	90
	5.1.2 水溶液の構造	93
5.2	非対称基準系	97
5.3	溶質の活動度係数	98
5.4	溶存種	101
5.5	鉱物と水溶液間の平衡	105
	5.5.1 溶存種濃度の計算	105
	5.5.2 鉱物-水溶液間の平衡計算	107
	5.5.3 活動度図	109

	5.5.4	$\log f_{O_2}$-pH 図 112
	5.5.5	Eh-pH 図 115

第6章 岩石-水相互作用の熱力学　　117

6.1 岩石-水相互作用 117
6.1.1 系の決定 117
6.1.2 pH 測定温度における溶存種濃度の計算 119
6.1.3 pH 測定温度以外の温度における溶存種濃度の計算 121
6.1.4 鉱物飽和度指数の計算 122
6.1.5 岩石-水相互作用の数値計算 125
6.1.6 岩石-水相互作用に関する計算ソフトウェア 127
6.2 溶存種に対する熱力学的データ 127
6.2.1 水和に関する項 128
6.2.2 水和以外の経験的な項 130
6.2.3 修正 HKF モデルによるギブスエネルギーの温度・圧力依存性 131

記号と定数　　135

参考文献　　138

索引　　146

第1章
熱力学ポテンシャル

1.1 物質の安定関係とギブスエネルギー

ある温度・圧力条件下においてどのような物質あるいは物質組み合わせが安定であるかは，ギブスエネルギーの大小関係から知ることができる（図1.1）．どのような物質あるいは物質組み合わせが安定であるかを調べることは，反応式の左辺と右辺それぞれを構成する物質のギブスエネルギーの和のどちら側が小さいかを調べることに等しい．一般的に化学反応式は次にように書くことができる．

$$a\mathrm{A} + b\mathrm{B} + \cdots = m\mathrm{M} + n\mathrm{N} + \cdots \tag{1.1}$$

ここで，A, B, $\cdots$, M, N, $\cdots$ は，鉱物や水などの物質であり，$a, b, \cdots, n, m, \cdots$ は，それぞれの物質に対する化学量論係数（反応係数）である．例えば，同じ SiO_2 の化学組成をもつ物質で，多形の関係にある低温型石英とコース石のどちらが地表条件下 (25℃, 1 bar) で安定であるかは，次の反応式の左辺と右辺のギブスエネルギーを比べればよい．

$$\mathrm{SiO_2}(低温型石英) = \mathrm{SiO_2}(コース石) \tag{1.2}$$

25℃, 1 bar における低温型石英のギブスエネルギー（標準生成ギブスエネルギー：$\Delta G_\mathrm{f}^\circ$）は $-856.288\,\mathrm{kJ \cdot mol^{-1}}$，コース石のギブスエネルギーは $-850.850\,\mathrm{kJ \cdot mol^{-1}}$（Robie et al., 1979，表1.1）であり，低温型石英のギブスエネルギーの方が低いことから，25℃, 1 bar では，コース石ではなく，低温型石英が安定であることがわかる．上記の例では，反応式の左辺と右辺にそれぞれ1つの物質（鉱物）しか

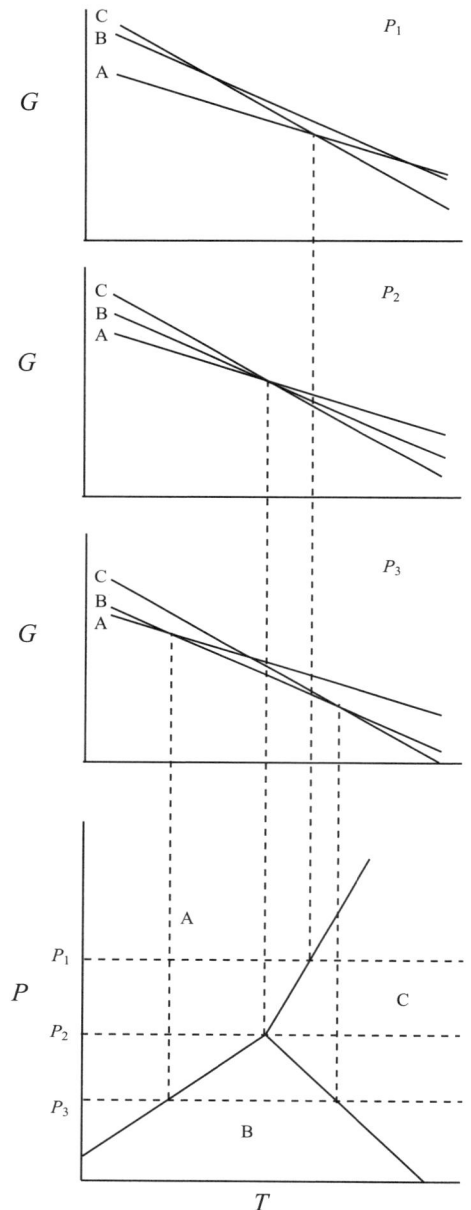

図 1.1 多形鉱物 A, B, C の安定性とギブスエネルギー G との関係を示す模式的な温度-圧力図

表 1.1 標準状態 (298.15 K, 1 bar) における物質 1 モルあたりの熱力学的データ (Robie *et al.*, 1979)

		$\Delta G_\mathrm{f}^\circ$ kJ	$\Delta H_\mathrm{f}^\circ$ kJ	S° $\mathrm{J\cdot K^{-1}}$	V° cm^3
ペリクレス	MgO	−569.196	−601.490	26.94	11.248
低温型石英	$\mathrm{SiO_2}$	−856.288	−910.700	41.46	22.688
コース石	$\mathrm{SiO_2}$	−850.850	−905.584	40.38	20.641
エンスタタイト	$\mathrm{MgSiO_3}$	−1460.883	−1547.750	67.86	31.47
曹長石	$\mathrm{NaAlSi_3O_8}$	−3711.722	−3935.120	207.40	100.07
ヒスイ輝石	$\mathrm{NaAlSi_2O_6}$	−2850.834	−3029.400	133.47	60.4
マグネシウム	Mg	0.000	0.000	32.68	13.996
珪素	Si	0.000	0.000	18.81	12.056
酸素	$\mathrm{O_2}$	0.000	0.000	205.15	24789.2

存在していないが,複数の物質が関与した場合でも同様である.例えば,固相のみが関与した地質学的に重要な次の反応を考えてみよう.

$$\mathrm{NaAlSi_3O_8}(曹長石) = \mathrm{NaAlSi_2O_6}(ヒスイ輝石) + \mathrm{SiO_2}(低温型石英) \quad (1.3)$$

左辺を構成する物質である曹長石の 25℃,1 bar におけるギブスエネルギーは $-3711.722\,\mathrm{kJ\cdot mol^{-1}}$ である.他方,右辺を構成するヒスイ輝石と低温型石英のギブスエネルギーはそれぞれ $-2850.834\,\mathrm{kJ\cdot mol^{-1}}$ と $-856.288\,\mathrm{kJ\cdot mol^{-1}}$ (Robie *et al.*, 1979,表 1.1) であり,その合計は $-3707.122\,\mathrm{kJ}$ となる.このことから 25℃,1 bar では,左辺のギブスエネルギーの方が低く,ヒスイ輝石+低温型石英の組み合わせより曹長石の方が安定であることがわかる.安定な物質あるいは物質組み合わせの求め方は,25℃,1 bar 以外の温度・圧力条件下においても全く同じであり,任意の温度・圧力条件下における各物質のギブスエネルギーがわかれば,反応式の左辺と右辺それぞれを構成する物質のギブスエネルギーの和を求めて,その大小関係からどちら側が安定であるかを知ることができる.

1.2 熱力学ポテンシャル

ギブスエネルギー (G) は熱力学ポテンシャルの 1 つであり,その他の熱力学ポテンシャルとして内部エネルギー (U),エンタルピー (H),ヘルムホルツエネ

ルギー (A) などがある．これらの熱力学ポテンシャルの間には次の関係がある．

$$H = U + PV \tag{1.4}$$

$$A = U - TS \tag{1.5}$$

$$G = U - TS + PV = H - TS \tag{1.6}$$

内部エネルギーの全微分は，あとで述べるように次式で表される．

$$dU = TdS - PdV \tag{1.7}$$

この関係式から他のポテンシャルの全微分は，

$$dH = TdS + VdP \tag{1.8}$$

$$dA = -SdT - PdV \tag{1.9}$$

$$dG = -SdT + VdP \tag{1.10}$$

と求められる．これらの式は，内部エネルギーはエントロピーと体積を独立変数とした状態関数であり，エンタルピーはエントロピーと圧力，ヘルムホルツエネルギーは温度と体積，ギブスエネルギーは温度と圧力を独立変数とした状態関数であることを示している．このことは，エントロピー一定（断熱条件下）・体積一定条件下での化学平衡を調べる場合には内部エネルギーを用い，エントロピー一定（断熱条件下）・圧力一定条件下での化学平衡を調べる場合にはエンタルピーを，温度一定・体積一定条件下での化学平衡を調べる場合にはヘルムホルツエネルギーを，そして，温度一定・圧力一定条件下での化学平衡を調べる場合にはギブスエネルギーを用いることを示している．地質学的には，一般的にどのような温度・圧力条件下で，どのような物質や物質組み合わせが安定であるかを知ることを目的としていることが多いため，ギブスエネルギーを用いて物質や物質組み合わせの安定性を調べることになる．

エントロピーと体積を独立変数とした状態関数である内部エネルギーから，温度あるいは圧力を独立変数とした他の熱力学ポテンシャルを導き出す (1.4)〜(1.6) 式の操作は数学的にはルジャンドル変換と呼ばれる．第4章で述べるように，外界との物質の出入りを考慮に入れた開放系では，このルジャンドル変換を

用いて，新たな熱力学ポテンシャルを定義することができる．X, Y, Z を独立変数とする次の関数 $F(X, Y, Z)$ を考える．この全微分は次のように書ける．

$$dF = \frac{\partial F}{\partial X}dX + \frac{\partial F}{\partial Y}dY + \frac{\partial F}{\partial Z}dZ \tag{1.11}$$

ここで，

$$\frac{\partial F}{\partial X} = x, \quad \frac{\partial F}{\partial Y} = y, \quad \frac{\partial F}{\partial Z} = z \tag{1.12}$$

と置き換えると

$$dF = xdX + ydY + zdZ \tag{1.13}$$

となる．独立変数 X, Y, Z のうち，X を x に変換するためには，次のように新しい関数 F_x を定義すればよい．

$$F_x = F - xX \tag{1.14}$$

この場合，

$$\begin{aligned} dF_x &= dF - xdX - Xdx \\ &= -Xdx + ydY + zdZ \end{aligned} \tag{1.15}$$

となる．(1.4)～(1.6) 式の操作は，独立変数をエントロピーから温度に，あるいは，体積から圧力に変えるためのルジャンドル変換である．

上記の熱力学ポテンシャルのうち，最も基本的なものが内部エネルギーである．系を構成するエネルギーから系全体としての平均運動エネルギーと位置エネルギーを取り除いたものが内部エネルギーであり，系を構成する分子の運動エネルギーと位置エネルギーからなる．系の内部エネルギー変化は，系になされた仕事 W と熱として加えられたエネルギー Q を足したものに等しい（熱力学第一法則）．

$$\Delta U = W + Q \tag{1.16}$$

無限小の状態変化を考えると上式は次のように表される．

$$dU = dW + dQ \tag{1.17}$$

ここで，dW は体積変化に伴う仕事（機械的仕事）であり，可逆過程では

$$dW = -PdV \tag{1.18}$$

と表される（符号に注意．系に機械的仕事がなされると体積は減少する）．他方，dQ は熱的仕事であり，

$$dQ = TdS \tag{1.19}$$

と表され，これらの式から (1.7) 式が得られる．これらの式は，機械的仕事の駆動力は圧力差であるが，熱的仕事の駆動力は温度差であり，機械的仕事の結果，体積変化が生じるが，熱的仕事の結果，エントロピー変化が生じることを示している．

ギブスエネルギーは，物質の内部エネルギーからその物質がある圧力においてある体積をもつことによる機械的エネルギー（$-PV$）とある温度においてあるエントロピーをもつことによる熱的エネルギー（TS）を取り除いた有効エネルギーであり（(1.6) 式），温度・圧力一定条件下において，体積変化やエントロピー変化を伴う反応に対する平衡（(1.10) 式）を取り扱う場合に使用される．

1.3　ギブスエネルギーの温度・圧力依存性

ある条件下でどのような物質あるいは物質組み合わせが安定であるかは，前述したように反応式の左辺と右辺それぞれを構成する物質の熱力学ポテンシャルの和の大小関係から知ることができる．すなわち，任意の条件下での各物質の熱力学ポテンシャルの値を知ることができれば，どのような物質あるいは物質組み合わせがその条件下で安定であるかを容易に知ることができる．地質学的には，ある温度・圧力条件下で安定な鉱物や鉱物組み合わせを知る必要性が多いことから，ここでは，純粋な物質に対するギブスエネルギーの温度・圧力依存性について考える．

1.3.1　ギブスエネルギーの温度依存性

(1.6) 式から，温度・圧力一定の条件下では，ある反応に対して

$$\Delta G_\mathrm{r} = \Delta H_\mathrm{r} - T\Delta S_\mathrm{r} \tag{1.20}$$

の関係式が成り立つ．ここで，r は反応 (reaction) を示し，また Δ はそれぞれの変数の反応式の右辺と左辺との差（右辺 − 左辺），すなわち，反応前後における

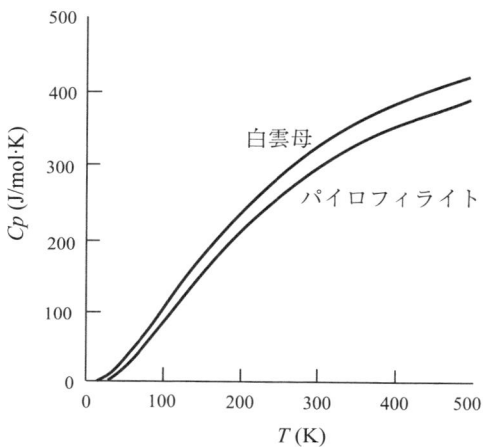

図 1.2 白雲母およびパイロフィライトに対する定圧熱容量の温度依存性 (Nordstrom and Munoz, 1994)

各変数の差(変化)を示す.ここでは,エンタルピーとエントロピーに分けてギブスエネルギーの温度依存性を考える.

定圧下におけるエンタルピーの温度変化は定圧熱容量 (Cp) で表される.

$$\left(\frac{\partial H}{\partial T}\right)_P = Cp \tag{1.21}$$

定圧熱容量は定圧下で物質を 1℃ 上昇させるために必要な熱量(エンタルピー)である(図 1.2).この関係から,標準温度を 298.15 K とした場合,任意の温度 (T K) におけるエンタルピーは

$$H°[T] = H°[298.15] + \int_{298.15}^{T} Cp°[T]\,dT \tag{1.22}$$

と表せ,物質の標準状態におけるエンタルピーと定圧熱容量の温度依存性とがわかれば,任意の温度におけるエンタルピーは (1.22) 式から求められる.ここで,° は純粋な物質であることを示す.定圧熱容量は,一般的には温度の多項式として表され,

$$Cp°[T] = a + bT + cT^{-2} \tag{1.23}$$

あるいは,
$$Cp°[T] = a + bT + cT^{-2} + dT^{-0.5} \tag{1.24}$$
の形で表されることが多い．(1.24) 式を用いた場合, (1.22) 式は,
$$H°[T] = H°[298.15] + \left[aT + \frac{bT^2}{2} - \frac{c}{T} + 2dT^{0.5}\right]_{298.15}^{T} \tag{1.25}$$
となる．

他方, エントロピーの定圧下における温度依存性は, (1.8) 式から得られる次の関係
$$\left(\frac{\partial H}{\partial S}\right)_P = T \tag{1.26}$$
から, (1.21) 式を用いて
$$\left(\frac{\partial S}{\partial T}\right)_P = \frac{1}{T}\left(\frac{\partial H}{\partial T}\right)_P = \frac{Cp}{T} \tag{1.27}$$
と求められる．よって, 標準温度を 298.15 K とした場合, 任意の温度 (T K) におけるエントロピーは
$$S°[T] = S°[298.15] + \int_{298.15}^{T} \frac{Cp°[T]}{T} dT \tag{1.28}$$
と表される．定圧熱容量として (1.24) 式を用いた場合,
$$S°[T] = S°[298.15] + \left[a\ln T + bT - \frac{c}{2T^2} - \frac{2d}{T^{0.5}}\right]_{298.15}^{T} \tag{1.29}$$
となる．(1.22) 式および (1.28) 式を (1.6) 式に代入すると, 任意の温度におけるギブスエネルギーは次式から求められる．
$$G°[T] = H°[298.15] + \int_{298.15}^{T} Cp°[T] dT - T\left(S°[298.15] + \int_{298.15}^{T} \frac{Cp°[T]}{T} dT\right) \tag{1.30}$$
ある反応に対するギブスエネルギー変化（反応ギブスエネルギー＝（反応式の右辺を構成する物質のギブスエネルギー）−（反応式の左辺を構成する物質のギブス

エネルギー)) は，

$$\Delta G_r^\circ [T] = \Delta H_r^\circ [298.15] + \int_{298.15}^T \Delta C p_r^\circ [T] dT$$
$$-T \left(\Delta S_r^\circ [298.15] + \int_{298.15}^T \frac{\Delta C p_r^\circ [T]}{T} dT \right) \quad (1.31)$$

となる．

(1.28) 式において標準温度を 298.15 K から絶対零度 (0 K) に変えると

$$S^\circ [T] = S^\circ [0] + \int_0^T \frac{C p^\circ [T]}{T} dT \quad (1.32)$$

となる．絶対零度において，完全な結晶物質のエントロピーは 0 となること（熱力学第三法則）から，(1.32) 式は，

$$S^\circ [T] = \int_0^T \frac{C p^\circ [T]}{T} dT \quad (1.33)$$

と書くことができ，エントロピーは相対値ではなく，絶対値として定義される．このことからエントロピーは絶対エントロピーと呼ばれる．これに対し，エンタルピーやギブスエネルギーは，一般的には，標準状態において安定な元素物質を基準として求められ，相対値であり，それぞれ標準生成エンタルピー (ΔH_f°)，標準生成ギブスエネルギー (ΔG_f°) と呼ばれる．ここで f は生成 (f: formation) を示す．

1.3.2 ギブスエネルギーの圧力依存性

(1.10) 式より温度一定の条件下では，

$$\left(\frac{\partial G}{\partial P} \right)_T = V \quad (1.34)$$

の関係式が求められる．標準圧力を 1 bar ($= 10^5$ Pa) とすると，任意の圧力 P におけるギブスエネルギーは

$$G^\circ [T, P] = G^\circ [T, 1] + \int_1^P V^\circ [T, P] dP \quad (1.35)$$

と表される．

ある反応に対して，(1.35) 式は次のように書くことができる．

$$\Delta G_\mathrm{r}^\circ [T, P] = \Delta G_\mathrm{r}^\circ [T, 1] + \int_1^P \Delta V_\mathrm{r}^\circ [T, P] \, dP \tag{1.36}$$

ただし，生成ギブスエネルギーに関しては次のように定義されるので，注意が必要である．

$$\Delta G_\mathrm{f}^\circ [T, P] = \Delta G_\mathrm{f}^\circ [T, 1] + \int_1^P V^\circ [T, P] \, dP \tag{1.37}$$

ここで V° は生成物の体積であり，生成反応式の左辺を構成する元素物質（反応物）の体積は考慮されていない．すなわち，$\Delta V_\mathrm{f}^\circ$ ではないので注意が必要である．

物質の熱膨張率（係数）α および圧縮率（係数）β は，次のように定義される．

$$\alpha = \frac{1}{V} \left(\frac{\partial V}{\partial T} \right)_P \tag{1.38}$$

$$\beta = -\frac{1}{V} \left(\frac{\partial V}{\partial P} \right)_T \tag{1.39}$$

固相に関しては，その熱膨張率および圧縮率は広い温度・圧力範囲においてほぼ一定であることから，任意の温度・圧力における体積は

$$V^\circ [T, P] = V^\circ [298.15, 1](1 + \alpha(T - 298.15) - \beta(P - 1)) \tag{1.40}$$

と表すことができる．このとき，(1.35) 式は，次のようになる．

$$G^\circ [T, P] = G^\circ [T, 1] + \int_1^P (V^\circ [298.15, 1] (1 + \alpha(T - 298.15) - \beta(P - 1))) dP$$

$$= G^\circ [T, 1] + V^\circ [298.15, 1] \left[P + \alpha(T - 298.15)P - \frac{\beta P^2}{2} + \beta P \right]_1^P \tag{1.41}$$

圧力が十分に高い場合には，(1.41) 式は次のようになる．

$$G^\circ [T, P] = G^\circ [T, 1] + V^\circ [298.15, 1] \left(P + \alpha(T - 298.15)P - \frac{\beta P^2}{2} \right) \tag{1.42}$$

固相だけが関与した反応（固相反応）に対しては，反応における熱膨張率および圧縮率の変化は小さく，無視できるとともに，定圧熱容量変化も小さく，無視できるため，

$$\begin{aligned}\Delta G_\mathrm{r}[T,P] &= \Delta G_\mathrm{r}^\circ[T,P]\\ &= \Delta G_\mathrm{r}^\circ[T,1] + \Delta V_\mathrm{r}^\circ[298.15,1]P\\ &= \Delta H_\mathrm{r}^\circ[T,1] - T\Delta S_\mathrm{r}^\circ[T,1] + \Delta V_\mathrm{r}^\circ[298.15,1]P\\ &= \Delta H_\mathrm{r}^\circ[298.15,1] - T\Delta S_\mathrm{r}^\circ[298.15,1] + \Delta V_\mathrm{r}^\circ[298.15,1]P\end{aligned} \tag{1.43}$$

となる．

1.3.3 ギブスエネルギーの温度・圧力依存性

(1.30) 式および (1.35) 式から，純粋な物質に対する任意の温度・圧力におけるギブスエネルギーは次のように求められる．

$$G^\circ[T,P] = H^\circ[298.15,1] + \int_{298.15}^{T} Cp^\circ[T,1]\,dT - T\left(S^\circ[298.15,1] + \int_{298.15}^{T} \frac{Cp^\circ[T,1]}{T}dT\right) \\ + \int_{1}^{P} V^\circ[T,P]dP \tag{1.44}$$

また，ある反応に対するギブスエネルギー変化（反応ギブスエネルギー）の温度・圧力依存性は

$$\Delta G_\mathrm{r}^\circ[T,P] = \Delta H_\mathrm{r}^\circ[298.15,1] + \int_{298.15}^{T} \Delta Cp_\mathrm{r}^\circ[T,1]\,dT \\ -T\left(\Delta S_\mathrm{r}^\circ[298.15,1] + \int_{298.15}^{T} \frac{\Delta Cp_\mathrm{r}^\circ[T,1]}{T}dT\right) + \int_{1}^{P} \Delta V_\mathrm{r}^\circ[T,P]\,dP \tag{1.45}$$

と表される．反応に関与するそれぞれの物質の標準生成エンタルピー，標準エントロピー，定圧熱容量の温度依存性および体積の温度・圧力依存性がわかれば，

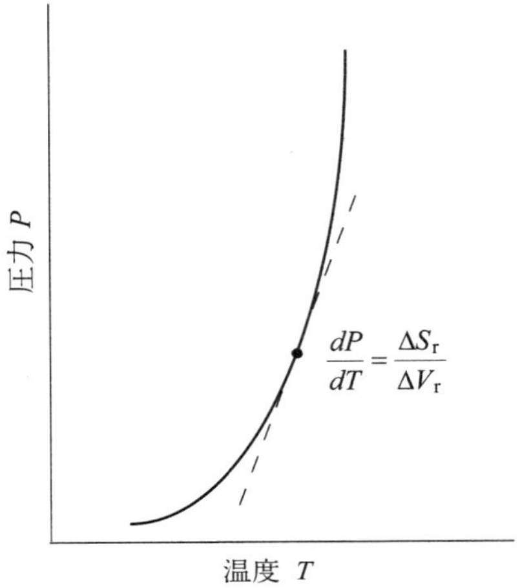

図 1.3　平衡曲線の勾配とクラペイロン–クラウジウスの式との関係を示す温度–圧力図

(1.45) 式から任意の温度・圧力における反応ギブスエネルギーを求めることができる．

(1.10) 式からある反応に対して

$$d\Delta G_r = -\Delta S_r dT + \Delta V_r dP \tag{1.46}$$

となり，平衡 ($\Delta G_r = 0$) において

$$\frac{dP}{dT} = \frac{\Delta S_r}{\Delta V_r} \tag{1.47}$$

の関係が成り立つ（図 1.3）．この式は，クラペイロン–クラウジウスの式，または，クラウジウス–クラペイロンの式と呼ばれる．これは平衡曲線上の任意の点における勾配 (dP/dT) が $\Delta S_r/\Delta V_r$ になることを示している．固相反応では，一般的に ΔV_r および ΔS_r は，温度・圧力変化に伴ってほとんど変化しないため，勾配は一定で，その平衡曲線はほぼ直線になる．

ここで，(1.3) 式のヒスイ輝石を生成する固相反応に対して (1.43) 式を適用してみる．表 1.1 の各鉱物に対する熱力学的データ (Robie et al., 1979) を用いると

$$\Delta H_r^\circ [298.15, 1] = -4980 \, \text{J}$$

$$\Delta S_r^\circ [298.15, 1] = -32.47 \, \text{J} \cdot \text{K}^{-1}$$
$$\Delta V_r^\circ [298.15, 1] = -16.982 \, \text{cm}^3$$

と求められる．これらの値を (1.43) 式に代入すると，平衡 ($\Delta G_r = 0$) において

$$-4980 + 32.47T - \frac{16.982}{10}P = 0 \tag{1.48}$$

の関係が得られる．左辺第3項の分母の10は，$\text{cm}^3 \cdot \text{bar}$ を J に換算するための定数である．この式から，298.15 K (25℃) において平衡圧力は 2768 bar, 773.15 K (500℃) において 11850 bar と求められる．また，この平衡曲線の勾配は

$$\frac{dP}{dT} = \frac{\Delta S_r^\circ [298.15, 1]}{\Delta V_r^\circ [298.15, 1]} = \frac{-32.47}{-16.982/10} = 19.12 \, \text{bar} \cdot \text{K}^{-1} \tag{1.49}$$

となる．なお，表 1.2 の Holland and Powell (1998) の熱力学的データを用いると，(1.3) 式の反応に対する平衡圧力は，298.15 K (25℃) において 3745 bar, 773.15 K (500℃) において 13570 bar と求められる．

1.4 化学ポテンシャル

系の温度，圧力および他の物質のモル数を一定とした条件下で，物質 i のモル数を変化させたときのギブスエネルギー変化

$$\mu_i = \left(\frac{\partial G}{\partial n_i}\right)_{T,P,n_j} \tag{1.50}$$

を物質 i の化学ポテンシャルという．ここで j は，i 以外の物質を示す．化学ポテンシャルを用いると，ある系のギブスエネルギーはその系を構成する物質の化学ポテンシャルとモル数を用いて次のように表すことができる．

$$G = \sum_i n_i \mu_i \tag{1.51}$$

1.5 鉱物に対する熱力学的データ

鉱物に対する熱力学的データは，熱量を測定するカロリメトリー法によって求められる．Robie *et al.* (1979) および Robie and Hemingway (1995) の熱力学

表 1.2 鉱物および気体に対する1モルあたりの熱力学的データ。αV° および βV° の値は Holland and Powell (1990) より、その他の値は Holland and Powell (1998) より引用。

鉱物・気体	ΔG_f°	ΔH_f°	$\sigma(\Delta H_f^\circ)$	S° $\times 10^{-3}$	V°	a	b $\times 10^{-5}$	c	d	αV° $\times 10^{-5}$	βV° $\times 10^{-3}$
単位	kJ	kJ	kJ	kJ·K^{-1}	kJ·kbar^{-1}	kJ·K^{-1}	kJ·K^{-2}	kJ·K	kJ·K$^{-1/2}$	kJ·K^{-1}	kJ·kbar^{-1}
曹長石	−3711.91	−3934.60	1.88	210.10	10.006	0.4520	−1.3364	−1275.9	−3.9536	27.0	16.0
高温型曹長石	−3706.12	−3924.84	1.88	223.40	10.109	0.4520	−1.3364	−1275.9	−3.9536	27.0	16.0
オケルマナイト	−3668.89	−3866.20	1.06	212.50	9.254	0.3854	0.3209	−247.5	−2.8899	28.0	6.2
アルマンディン	−4939.8	−5263.65	1.32	340.00	11.511	0.6773	0.0000	−3772.7	−5.0440	28.3	6.6
灰長石	−4007.51	−4233.48	0.84	200.00	10.079	0.3716	1.2615	−4110.2	−2.0384	14.3	13.0
紅柱石	−2440.97	−2588.77	0.70	92.70	5.153	0.2773	−0.6588	−1914.1	−2.2656	12.7	2.8
直閃石	−11342.22	−12068.59	3.38	536.00	26.540	1.2773	2.5825	−9704.6	−9.0747	74.0	33.0
アラゴナイト	−1128.03	−1207.65	0.52	89.50	3.415	0.1923	−0.3052	1149.7	−2.1183	8.3	5.3
ブルーサイト	−834.31	−924.97	0.33	64.50	2.463	0.1584	−0.4076	−1052.3	−1.1713	7.0	2.6
Caチャールマグ輝石	−3129.29	−3306.96	0.86	138.00	6.356	0.3476	−0.6974	−1781.6	−2.7575	16.6	5.3
方解石	−1128.81	−1207.54	0.52	92.50	3.689	0.1409	0.5029	−950.7	−0.8584	9.0	5.3
クリソタイル	−4030.75	−4358.46	1.26	221.30	10.746	0.6247	−2.0770	−1721.8	−5.6194	30.0	20.0
コース石	−850.89	−905.52	0.36	40.80	2.064	0.0965	−0.0577	−444.8	−0.7982	2.2	2.0
コランダム	−1581.72	−1675.19	0.83	50.90	2.558	0.1395	0.5890	−2460.6	−0.5892	6.4	0.9
透輝石	−3027.8	−3202.54	0.78	142.70	6.619	0.3145	0.0041	−2745.9	−2.0201	22.0	5.5
ダイアスポア	−920.73	−999.40	0.42	35.00	1.776	0.1451	0.8709	584.4	−1.7411	5.3	1.1
ダイアモンド	3.13	2.07	0.07	2.30	0.342	0.0243	0.6272	−377.4	−0.2734	0.3	0.1
ドロマイト	−2161.51	−2324.56	0.70	156.00	6.434	0.3589	−0.4905	0.0	−3.4562	24.4	6.6
エンスタタイト	−2915.53	−3090.26	0.89	132.50	6.262	0.3562	−0.2990	−596.9	−3.1853	18.0	4.6
ファヤライト	−1378.98	−1478.22	0.71	151.00	4.631	0.2011	1.7330	−1960.6	−0.9009	14.1	4.0
フォルステライト	−2052.75	−2171.85	0.72	95.10	4.366	0.2333	0.1494	−603.8	−1.8697	16.0	3.2
フェロシライト	−2234.53	−2388.75	0.90	190.60	6.592	0.3987	−0.6579	1290.1	−4.0580	24.0	5.8
グラファイト	0	0.00	0.00	5.85	0.530	0.0510	−0.4428	488.6	−0.8055	1.5	1.4
グロシュラー	−6280.94	−6644.07	1.60	255.00	12.535	0.6260	0.0000	−5779.2	−4.0029	30.0	7.9
ヘデン輝石	−2680.39	−2844.15	1.02	174.20	6.795	0.3402	0.0812	−1047.8	−2.6467	26.4	5.6
赤鉄鉱	−743.73	−825.73	0.70	87.40	3.027	0.1639	0.0000	−2257.2	−0.6576	11.6	1.4
イルメナイト	−1154.63	−1231.25	0.90	108.90	3.169	0.1389	0.5081	−1288.8	−0.4637	9.4	1.8
鉄	0	0.00	0.00	27.32	0.709	0.0462	0.5159	723.1	−0.5562	2.9	0.4
ヒスイ輝石	−2849.1	−3027.83	1.86	133.50	6.040	0.3011	1.0143	−2239.3	−2.0551	17.0	4.5

1.5 鉱物に対する熱力学的データ

鉱物	ΔG_f°	ΔH_f°	$\sigma(\Delta H_f^\circ)$	a	b	c	d	S°	$\sigma(S^\circ)$	V°	
マイクロクリン	−3750.19	−3975.05	2.92	216.00	10.892	0.4488	−1.0075	−1007.3	−3.9731	20.6	20.0
藍晶石	−2442.59	−2593.13	0.70	83.50	4.414	0.2794	−0.7124	−2055.6	−2.2894	11.2	1.9
ローソナイト	−4513.04	−4869.19	0.86	230.00	10.132	0.1566	−7.1792	375.9	−7.1792	25.0	9.0
石灰	−602.92	−634.94	0.57	38.10	1.676	0.0524	0.3679	−750.7	−0.0510	6.7	1.7
マーガライト	−5856.99	−6241.19	1.47	267.00	12.964	0.7444	−1.6800	−2074.4	−6.7832	36.0	13.0
マグネサイト	−1027.74	−1111.59	0.36	65.10	2.803	0.1864	−0.3772	0.0	−1.8862	10.6	3.0
緑マンガン鉱	−362.83	−385.16	0.52	59.70	1.322	0.0598	0.3600	−31.4	−0.2826	5.4	0.8
マーヴィナイト	−4317.73	−4546.32	1.50	253.10	9.847	0.4175	0.8117	−2923.0	−2.3203	35.0	7.9
モンチセリカンランラン石	−2134.63	−2252.90	0.59	108.10	5.148	0.2507	−1.0433	−797.2	−1.9961	19.0	4.4
磁鉄鉱	−1012.31	−1115.55	0.98	146.10	4.452	0.2625	−0.7204	−1926.2	−1.6557	18.3	2.5
白雲母	−5603.71	−5984.12	3.04	292.00	14.083	0.7564	−1.9840	−2170.0	−6.9792	39.0	15.0
パラゴナイト	−5565.09	−5946.33	1.99	276.00	13.211	0.8030	−3.1580	217.0	−8.1510	42.0	17.0
ペリクレス	−569.34	−601.65	0.30	26.90	1.125	0.0605	0.0362	−535.8	−0.2992	4.6	0.7
模珪灰石	−1543.8	−1627.67	0.53	88.20	4.008	0.1578	−1.0754	−976.3	−1.0754	10.0	3.0
パイロクスマンジャイト	−1245.18	−1322.50	0.81	99.30	3.472	0.1384	0.0000	−1936.0	−0.5389	8.3	3.1
パイローブ	−5933.62	−6284.23	1.26	266.30	11.318	0.6335	−4.3152	−5196.1	−4.3152	29.8	6.3
パイロフィライト	−5266.87	−5640.85	1.16	239.40	12.810	0.7845	−4.2948	1251.0	−8.4959	11.0	20.0
石英	−856.46	−910.88	0.35	41.50	2.269	0.1107	−0.5189	0.0	−1.1283	8.0	5.9
菱マンガン鉱	−817.22	−891.06	0.66	98.00	3.107	0.1695	0.0000	0.0	−1.5343	7.6	3.1
バラ輝石	−1244.76	−1321.72	0.81	100.50	3.494	0.1384	0.4088	−1936.0	−0.5389	8.3	3.1
ルチル	−888.92	−944.14	0.83	50.60	1.882	0.0904	0.2900	0.0	−0.6238	5.0	0.9
サニディン	−3744.21	−3964.90	2.92	230.00	10.900	0.4488	−1.0075	−1007.3	−3.9731	20.6	20.0
珪線石	−2438.93	−2585.89	0.70	95.50	4.986	0.2802	−0.6900	−1375.7	−2.3994	7.2	3.1
スピネル	−2175.64	−2300.31	0.93	81.50	3.978	0.2427	−0.6037	−2315.1	−1.6781	10.3	1.9
滑石	−5516.73	−5896.92	1.60	260.00	13.625	0.6222	0.0000	−6385.5	−3.9163	39.0	23.0
テフロ石	−1631.58	−1732.15	1.30	155.90	4.899	0.2196	0.0000	−1292.7	−1.3083	14.8	4.2
透閃石	−11581.42	−12309.72	2.91	550.00	27.270	1.2602	0.3830	−11455.0	−8.2376	84.5	36.0
ウルボスピネル	−1401.79	−1497.44	1.11	175.00	4.682	−0.1026	14.2520	−9144.5	5.2707	19.2	2.6
珪灰石	−1548.47	−1634.04	0.53	82.50	3.993	0.1593	0.0000	−967.3	−1.0754	9.6	3.6
ゾイサイト	−6502.25	−6898.57	1.40	297.00	13.575	0.5957	6.2297	−5921.3	−3.3947	34.5	8.0
CH_4	−50.66	−74.81	0.39	186.26	0	0.1501	0.2062	3427.7	−2.6504	0.0	0.0
CO	−137.13	−110.53	0.19	197.67	0	0.0457	−0.0097	662.7	−0.4147	0.0	0.0
CO_2	−394.3	−393.51	0.08	213.70	0	0.0878	−0.2644	706.4	−0.9989	0.0	0.0
H_2	0	0.00	0.00	130.70	0	0.0233	−0.4627	0.0	0.0763	0.0	0.0
H_2O	−228.54	−241.81	0.02	188.80	0	0.0401	0.8656	487.5	−0.2512	0.0	0.0
O_2	0	0.00	0.00	205.20	0	0.0483	−0.0691	499.2	−0.4207	0.0	0.0

ΔG_f°：標準生成ギブスエネルギー，ΔH_f°：標準生成エンタルピー，$\sigma(\Delta H_f^\circ)$：標準生成エンタルピーの標準偏差，S°：標準エントロピー，V°：標準体積，a, b, c, d：定圧熱容量の係数（$Cp = a + bT + cT^{-2} + dT^{-0.5}$），$\alpha$：熱膨張率，$\beta$：圧縮率．298.15 K，1 bar を標準状態とする．

データ集は，このようなカロリメトリー法によって得られた熱力学的データをまとめたものである．カロリメトリー法で測定されるデータは，ある温度における鉱物の溶解エンタルピーと0Kから任意の温度における定圧熱容量である．これらのデータがあれば任意の温度における鉱物のエンタルピーおよびエントロピーを求めることができ，これらの値からギブスエネルギーを求めることができる．圧力依存性に関しては，鉱物の体積に関するデータが必要になり，X線回折法により精度の良いデータを得ることができる．一般的に定圧熱容量の測定は比較的単純であり，化学反応を伴わないため，精度の良いデータが得られる．それに対して，エンタルピーの測定では溶解熱を測定する必要があり，溶解反応が進みにくいなどの理由で測定が難しく，他のデータと比較して得られるデータの精度は良くない．そこで，高温・高圧条件下で実施された多数の鉱物相平衡実験データを基に，内部整合性のある熱力学的データセットの作成が行なわれている．その最初が，Helgeson et al. (1978) の熱力学的データセットである．Helgeson et al. (1978) の熱力学的データセットでは，定圧熱容量の温度依存性は (1.23) 式で表され，鉱物の体積は温度・圧力により変化しないとされている．その後，同様な手法により Berman and Brown (1985) および Berman (1988), Holland and Powell (1990)（表1.2）や Gottschalk (1997) によってより精度の高い熱力学的データセットが求められている．Berman (1988), Holland and Powell (1990) および Gottschalk (1997) のデータセットでは，鉱物の熱膨張率および圧縮率も考慮されている．Holland and Powell (1990, 1998) では，鉱物に対する定圧熱容量は (1.24) 式によって表されているが，Berman and Brown (1985) では，次の多項式が使用されている．

$$Cp° = a + cT^{-2} + dT^{-0.5} + eT^{-3} \tag{1.52}$$

Holland and Powell (1998) では，熱膨張率および圧縮率に関してより厳密な取り扱いがなされ，100 kb 以上の圧力にも対応できる熱力学的データセットが提供されている．さらに，Holland and Powell (2011) では，2000℃, 300 kb の温度・圧力条件に対応できる熱力学的データセットが提供されている．

1.6 生成ギブスエネルギーと見掛けの生成ギブスエネルギー

任意の温度・圧力におけるある反応に対するギブスエネルギー変化は (1.45) 式から求められ，反応に関与した物質の標準生成エンタルピー，標準エントロピー，定圧熱容量および体積に関する熱力学的データが必要になる．ここで注意しなければならないことは，任意の温度・圧力における生成ギブスエネルギーを求める場合である．任意の温度・圧力における生成ギブスエネルギーは次の式から求められる．

$$\Delta G_{\mathrm{f}}^{\circ}[T,P] = \Delta H_{\mathrm{f}}^{\circ}[298.15,1] + \int_{298.15}^{T}\Delta Cp_{\mathrm{f}}^{\circ}[T,1]\,dT$$

$$-T\left(\Delta S_{\mathrm{f}}^{\circ}[298.15,1] + \int_{298.15}^{T}\frac{\Delta Cp_{\mathrm{f}}^{\circ}[T,1]}{T}dT\right) + \int_{1}^{P}V^{\circ}[T,P]\,dP \tag{1.53}$$

熱力学的データセットに載っているエンタルピーは標準生成エンタルピーであるが，エントロピーは標準生成エントロピーではなく，標準エントロピーである．それゆえ，標準生成エントロピーを求めるためには，その物質の標準エントロピーから，その物質を構成する元素の標準エントロピーを差し引かなければならない．このようにして求められた標準生成エントロピーと標準生成エンタルピーから標準生成ギブスエネルギーが求められる．定圧熱容量に関してもエントロピーと同様であり，生成反応に伴う定圧熱容量変化（その物質の定圧熱容量から構成元素の定圧熱容量の和を引く）を求める必要がある．ただし，標準生成エントロピー ($\Delta S_{\mathrm{f}}^{\circ}[298.15,1]$) および生成反応に伴う定圧熱容量変化 ($\Delta Cp_{\mathrm{f}}^{\circ}[T,1]$) を使用せずに生成物の標準エントロピー ($S^{\circ}[298.15,1]$) および定圧熱容量 ($Cp^{\circ}[T,1]$) から求められる次のギブスエネルギーも見掛けの生成ギブスエネルギーとして使用されている．

$$\Delta G_{\mathrm{f}}^{\circ *}[T,P] = \Delta H_{\mathrm{f}}^{\circ}[298.15,1] - TS^{\circ}[298.15,1]$$

$$+ \int_{298.15}^{T}Cp^{\circ}[T,1]\,dT - T\int_{298.15}^{T}\frac{Cp^{\circ}[T,1]}{T}dT + \int_{1}^{P}V^{\circ}[T,P]\,dP \tag{1.54}$$

$$\Delta G_{\mathrm{f}}^{\circ *}[T,P] = \Delta G_{\mathrm{f}}^{\circ}[298.15, 1]$$
$$+ \int_{298.15}^{T} Cp^{\circ}[T,1]\,dT - (T - 298.15)S^{\circ}[298.15, 1]$$
$$- T\int_{298.15}^{T} \frac{Cp^{\circ}[T,1]}{T}\,dT + \int_{1}^{P} V^{\circ}[T,P]\,dP \tag{1.55}$$

ある反応を考えた場合，反応式の左辺と右辺を構成する各元素の数は同じである（質量保存が成り立つ）ことから，反応における標準生成エントロピー（$\Delta S_{\mathrm{f}}^{\circ}[298.15,1]$）の差と標準エントロピー（$S^{\circ}[298.15,1]$）の差，ならびに，生成反応に伴う定圧熱容量変化（$\Delta Cp_{\mathrm{f}}^{\circ}[T,1]$）の差と定圧熱容量（$Cp^{\circ}[T,1]$）の差は最終的に同じになることから，計算の簡便化のため，このような見掛けの生成ギブスエネルギーが使用されている．(1.54) 式は，Berman (1988) や Holland and Powell (1990) において，(1.55) 式は Helgeson *et al.* (1978) や Shock and Helgeson (1988) において用いられている．

なお，圧力依存性に関しては，生成ギブスエネルギーが (1.37) 式および (1.53) 式で定義され，反応物（出発物質）である元素物質の体積を考慮に入れていないため，エントロピーや定圧熱容量に対する上記のような問題は生じない．

ここでは，標準生成ギブスエネルギーおよび反応ギブスエネルギーに関する理解を深めるために，これらに係る計算例を以下に示す．

例1 MgO の標準生成ギブスエネルギーを，表 1.1 に示した標準生成エンタルピーおよび標準エントロピーから求める．

MgO が生成する反応式は次のように表される．
$$\mathrm{Mg} + \frac{1}{2}\mathrm{O}_2 = \mathrm{MgO} \tag{1.56}$$
（誤）
$$\begin{aligned}\Delta G_{\mathrm{f,MgO}}^{\circ} &= \Delta H_{\mathrm{f,MgO}}^{\circ} - 298.15 S_{\mathrm{MgO}}^{\circ} \\ &= -601.490 - 298.15 \times \frac{26.940}{1000} \\ &= -609.522\,\mathrm{kJ\cdot mol^{-1}}\end{aligned}$$

1.6 生成ギブスエネルギーと見掛けの生成ギブスエネルギー 19

（正）

$$\Delta G_{\text{f,MgO}}^{\circ} = \Delta H_{\text{f,MgO}}^{\circ} - 298.15 \underwave{\Delta S_{\text{f,MgO}}^{\circ}}$$

$$= \Delta H_{\text{f,MgO}}^{\circ} - 298.15 \underwave{\left(S_{\text{MgO}}^{\circ} - S_{\text{Mg}}^{\circ} - \frac{1}{2} S_{\text{O}_2}^{\circ} \right)}$$

$$= -601.490 - 298.15 \left(\frac{26.940 - 32.680 - \frac{205.150}{2}}{1000} \right)$$

$$= -569.196 \, \text{kJ} \cdot \text{mol}^{-1}$$

熱力学データ集に掲載されているエントロピーは，標準エントロピーであり，標準生成エントロピーではないので，下記の式から MgO の標準生成エントロピーを求めなければならない．

$$\Delta S_{\text{f,MgO}}^{\circ} = S_{\text{MgO}}^{\circ} - S_{\text{Mg}}^{\circ} - \frac{1}{2} S_{\text{O}_2}^{\circ} = -108.315 \, \text{J} \cdot \text{K}^{-1} \cdot \text{mol}^{-1}$$

例2 表 1.1 に示した熱力学的データを用いて，標準状態 (298.15 K, 1 bar) において MgO と SiO_2 が反応して $MgSiO_3$ が生成する反応に対するギブスエネルギー変化を求める．

この反応式は次のように表される．

$$\text{MgO} + \text{SiO}_2 = \text{MgSiO}_3 \tag{1.57}$$

- 各物質の標準生成ギブスエネルギーから求める方法

$$\Delta G_{\text{r,MgSiO}_3}^{\circ} = \Delta G_{\text{f,MgSiO}_3}^{\circ} - \Delta G_{\text{f,MgO}}^{\circ} - \Delta G_{\text{f,SiO}_2}^{\circ}$$

$$= -1460.883 + 569.196 + 856.288$$

$$= -35.399 \, \text{kJ} \cdot \text{mol}^{-1}$$

- 各物質の標準生成エンタルピーおよび標準エントロピーから求める方法

$$\Delta G_{\text{r,MgSiO}_3}^{\circ} = \Delta H_{\text{r,MgSiO}_3}^{\circ} - 298.15 \Delta S_{\text{r,MgSiO}_3}^{\circ}$$

$$= \Delta H_{\text{f,MgSiO}_3}^{\circ} - \Delta H_{\text{f,MgO}}^{\circ} - \Delta H_{\text{f,SiO}_2}^{\circ}$$

$$
\begin{aligned}
&\quad -298.15(\Delta S^\circ_{\text{f,MgSiO}_3} - \Delta S^\circ_{\text{f,MgO}} - \Delta S^\circ_{\text{f,SiO}_2}) \\
&= \Delta H^\circ_{\text{f,MgSiO}_3} - \Delta H^\circ_{\text{f,MgO}} - \Delta H^\circ_{\text{f,SiO}_2} \\
&\quad -298.15(S^\circ_{\text{MgSiO}_3} - S^\circ_{\text{MgO}} - S^\circ_{\text{SiO}_2}) \\
&= -1547.750 + 601.490 + 910.700 \\
&\quad -298.15\left(\frac{67.860 - 26.940 - 41.460}{1000}\right) \\
&= -35.399 \,\text{kJ} \cdot \text{mol}^{-1}
\end{aligned}
$$

波線を引いた部分を正確に書くと，

$$
\begin{aligned}
&\Delta S^\circ_{\text{f,MgSiO}_3} - \Delta S^\circ_{\text{f,MgO}} - \Delta S^\circ_{\text{f,SiO}_2} \\
&= \left(S^\circ_{\text{MgSiO}_3} - S^\circ_{\text{Mg}} - S^\circ_{\text{Si}} - \frac{3}{2}S^\circ_{\text{O}_2}\right) \\
&\quad - \left(S^\circ_{\text{MgO}} - S^\circ_{\text{Mg}} - \frac{1}{2}S^\circ_{\text{O}_2}\right) - (S^\circ_{\text{SiO}_2} - S^\circ_{\text{Si}} - S^\circ_{\text{O}_2}) \\
&= S^\circ_{\text{MgSiO}_3} - S^\circ_{\text{MgO}} - S^\circ_{\text{SiO}_2}
\end{aligned}
$$

となり，上記反応に対する標準生成エントロピーの差と標準エントロピーの差は最終的に等しくなる．

第2章
気体の熱力学

2.1 理想気体

分子そのものの体積がなく（分子を点として取り扱う），かつ，分子間に相互作用がない気体として定義される理想気体（完全気体）1モルに対して，次の状態方程式が成り立つ．

$$PV = RT \tag{2.1}$$

ここで，R は気体定数である．化学ポテンシャルを用いて (1.35) 式を書き直すと

$$\mu^\circ[T,P] = \mu^\circ[T,1] + \int_1^P V^\circ[T,P]\,dP \tag{2.2}$$

となり，(2.1) 式から得られる $V = RT/P$ の関係式を代入すると

$$\begin{aligned}\mu^\circ[T,P] &= \mu^\circ[T,1] + \int_1^P \frac{RT}{P}\,dP \\ &= \mu^\circ[T,1] + RT\ln\left(\frac{P}{1}\right) \tag{2.3} \\ &= \mu^\circ[T,1] + RT\ln P \tag{2.4}\end{aligned}$$

が得られ，理想気体の化学ポテンシャルの圧力依存性が (2.4) 式により表される．

2.2 実在気体とフガシティー

実在気体に対しては，理想気体に対する (2.3) 式に対応して次のようにフガシ

ティー f が定義される．

$$\mu^\circ[T,P] = \mu^\circ[T,P_0] + \int_{P_0}^{P} V^\circ[T,P]\,dP$$
$$= \mu^\circ[T,P_0] + RT\ln\left(\frac{f^\circ[T,P]}{f^\circ[T,P_0]}\right) \quad (2.5)$$

フガシティーは実効圧力とも呼ばれ，熱力学的に補正された圧力を意味する．圧力 P_0 が十分に小さいとき，実在気体は理想気体に近づき，$f^\circ[T,P_0] = P_0$ となる．よって，理想気体に対する (2.4) 式から

$$\mu^\circ[T,P_0] = \mu^\circ[T,1]^* + RT\ln P_0 \quad (2.6)$$

の式が得られる．ここで，$\mu^\circ[T,1]^*$ は気体が標準状態 (T K, 1 bar) において理想気体として挙動するとした場合の化学ポテンシャルである．これらの式を (2.5)

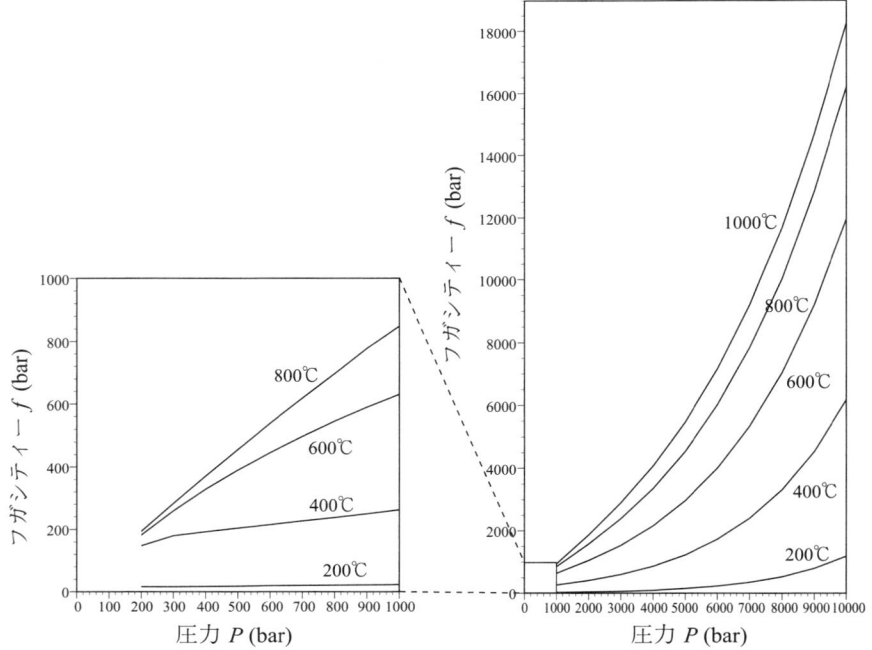

図 2.1　H_2O に対するフガシティーと圧力の関係 (Burnham *et al.*, 1969)

式に代入すると次の式が得られる．

$$\begin{aligned}\mu^\circ[T,P] &= (\mu^\circ[T,1]^* + RT\ln P_0) + RT\ln\left(\frac{f^\circ[T,P]}{P_0}\right) \\ &= \mu^\circ[T,1]^* + RT\ln f^\circ[T,P]\end{aligned} \quad (2.7)$$

熱力学データ集に掲載されている気体の標準生成ギブスエネルギー（化学ポテンシャル）は $\mu^\circ[T,1]^*$ である．なお，本書では，これ以降，気体に対する標準化学ポテンシャル $\mu^\circ[T,1]^*$ を便宜的に $\mu^\circ[T,1]$ と書くことにする．フガシティーは，圧力と次の関係にある（図2.1）．

$$f^\circ = \nu P \quad (2.8)$$

ここで ν はフガシティー係数と呼ばれ，圧力に対する熱力学的な補正係数であり，理想気体では1となる．

2.3　実在気体に対する状態方程式

実在気体に対して様々な状態方程式が提案されている．これらのうち，理想気体の状態方程式に対して理論的な補正を加えることにより得られる最も基本的な状態方程式が，ファン・デル・ワールスの状態方程式であり，1モルの気体に対して次のように表される．

$$\left(P + \frac{a}{V^2}\right)(V-b) = RT \quad (2.9)$$

a/V^2 は圧力に対する補正項であり，$-b$ は体積に対する補正項である．実在気体を閉じ込めた容器の壁面に働く圧力は，分子間の引力（ファン・デル・ワールス力）によって $1/V^2$ に比例した値だけ小さくなる．容器内の壁面から離れた場所では，1つの気体分子に対してあらゆる方向から等しい大きさのファン・デル・ワールス力が働くため，その和は0となり釣り合っている．それに対して，容器壁面近くの分子では，中心に向かって $1/V^2$ に比例した力によって引きつけられ，その結果，壁面には理想気体の場合より a/V^2 だけ小さな圧力が働くことになる．a は，その気体に対応した液体の蒸発エネルギーに比例した正の定数であ

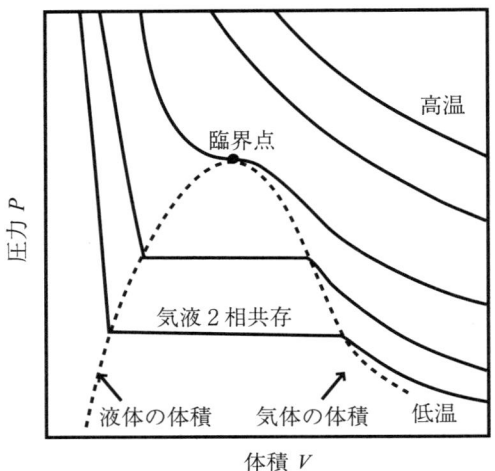

図 2.2　気体の P-V-T 関係と臨界現象

る．他方，b は気体分子そのものがもつ体積を表しており，その気体に対応した固体あるいは液体のモル体積に比例した定数である．すなわち，$(V-b)$ は気体の有効体積を表しており，理想気体では $b=0$ となる．

このようにファン・デル・ワールスの状態方程式は，理想気体の状態方程式に対して簡単な補正を加えることによって求められた式であるが，この式から流体の臨界現象が説明される（図 2.2）．臨界現象とは，気体と液体の区別がなくなる現象のことであり，例えば，水の場合，常温・常圧下では液体の水と気体の水蒸気の 2 相が存在するが，374°C, 22.06 MPa (220.6 bar) では 2 相の密度が一致して区別がなくなり，それより高い温度・圧力条件下では気体でも液体でもない超臨界水として存在する．この臨界現象が起きる点を臨界点という．

臨界点は，P-V 曲線上における 2 相領域（気体＋液体）との接点であり，かつ，変曲点でもあることから（図 2.2），次の式が成り立つ．

$$\left(\frac{\partial P}{\partial V}\right)_{T_c} = 0 \tag{2.10}$$

$$\left(\frac{\partial^2 P}{\partial V^2}\right)_{T_c} = 0 \tag{2.11}$$

ファン・デル・ワールスの状態方程式である (2.9) 式を変形すると，臨界点では

$$P_c = \frac{RT_c}{(V_c - b)} - \frac{a}{V_c^2} \tag{2.12}$$

となり，この式を (2.10) 式および (2.11) 式に代入すると次の式が得られる．

$$\left(\frac{\partial P}{\partial V}\right)_{T_c} = -\frac{RT_c}{(V_c - b)^2} + \frac{2a}{V_c^3} = 0 \tag{2.13}$$

$$\left(\frac{\partial^2 P}{\partial V^2}\right)_{T_c} = \frac{2RT_c}{(V_c - b)^3} - \frac{6a}{V_c^4} = 0 \tag{2.14}$$

ここで，T_c, P_c, V_c はそれぞれ臨界温度，臨界圧力および臨界体積である．(2.12)〜(2.14) 式の3つの連立方程式を解くことにより，ファン・デル・ワールスの状態方程式中の定数 a, b および気体定数 R は次のように求められる．

$$a = 3P_c V_c^2 \tag{2.15}$$

$$b = \frac{V_c}{3} \tag{2.16}$$

$$R = \frac{8P_c V_c}{3T_c} \tag{2.17}$$

このことは，a, b および R の各定数が，臨界温度，臨界圧力および臨界体積から求められることを示している．逆に，T_c, P_c および V_c は，定数 a, b および R を用いて

$$T_c = \frac{8a}{27Rb} \tag{2.18}$$

$$P_c = \frac{a}{27b^2} \tag{2.19}$$

$$V_c = 3b \tag{2.20}$$

と表すことができる．

ファン・デル・ワールスの状態方程式である (2.9) 式に (2.15)〜(2.17) 式の定数を代入して，整理すると次式が得られる．

$$\frac{P}{P_c} = \frac{8\left(\frac{T}{T_c}\right)}{3\left(\frac{V}{V_c}\right) - 1} - \frac{3}{\left(\frac{V}{V_c}\right)^2} \tag{2.21}$$

ここで，$T_r = T/T_c, P_r = P/P_c$ および $V_r = V/V_c$ とすると，(2.21) 式は次のように書くことができる．

$$P_r = \frac{8T_r}{(3V_r - 1)} - \frac{3}{V_r^2} \tag{2.22}$$

T_r, P_r および V_r は，温度，圧力，体積をそれぞれ臨界温度，臨界圧力，臨界体積で割った値であり，それぞれ換算温度，換算圧力，換算体積と呼ばれる．換算温度，換算圧力，換算体積を使用すればどの気体に対しても気体に特有な定数を含まない (2.22) 式により気体の状態を表すことができ，これがファン・デル・ワールスの状態方程式の重要な特徴の1つになっている．

(2.5) 式から得られる $RT \ln\left(\dfrac{f[T,P]}{f[T,P_0]}\right) = \displaystyle\int_{P_0}^{P} V[T,P] dP$ に，ファン・デル・ワールスの状態方程式を代入して積分し，$P_0 \to 0$ において，$V_0 \to \infty, P_0 V_0 \to RT$ とし，(2.15)〜(2.17) 式を用いると，最終的に次の式が導かれる．

$$\begin{aligned}
\ln f &= \ln\left(\frac{RT}{V-b}\right) - \frac{2a}{VRT} + \frac{b}{V-b} \\
&= \ln\left(\frac{\frac{8}{3}T_r}{(V_r - \frac{1}{3})}\right) - \frac{2.25}{V_r T_r} + \frac{1}{3V_r - 1}
\end{aligned} \tag{2.23}$$

この式は，換算温度，換算圧力，換算体積のうち2つを決めれば，どのような気体に対してもそのフガシティーが求められることを示している（図2.3）．

気体の状態方程式を評価する1つの方法として，臨界点における圧縮率因子（圧縮因子，圧縮係数）の比較が挙げられる．圧縮率因子 Z は，

$$Z = \frac{PV}{RT} \tag{2.24}$$

で定義され，理想気体では臨界点を含めて常に1となる．ファン・デル・ワールスの状態方程式に対しては，臨界点における圧縮率因子 Z_c は，(2.18)〜(2.20) 式を代入して

$$Z_c = \frac{P_c V_c}{RT_c} = \frac{1}{R} \cdot \frac{a}{27b^2} \cdot 3b \cdot \frac{27Rb}{8a} = \frac{3}{8} = 0.375$$

と求められる．臨界点における実在気体の圧縮率因子は，O_2 では 0.288，CO_2 では 0.274，H_2O では 0.229 である (Reid *et al.*, 1977)．このことは，ファン・デ

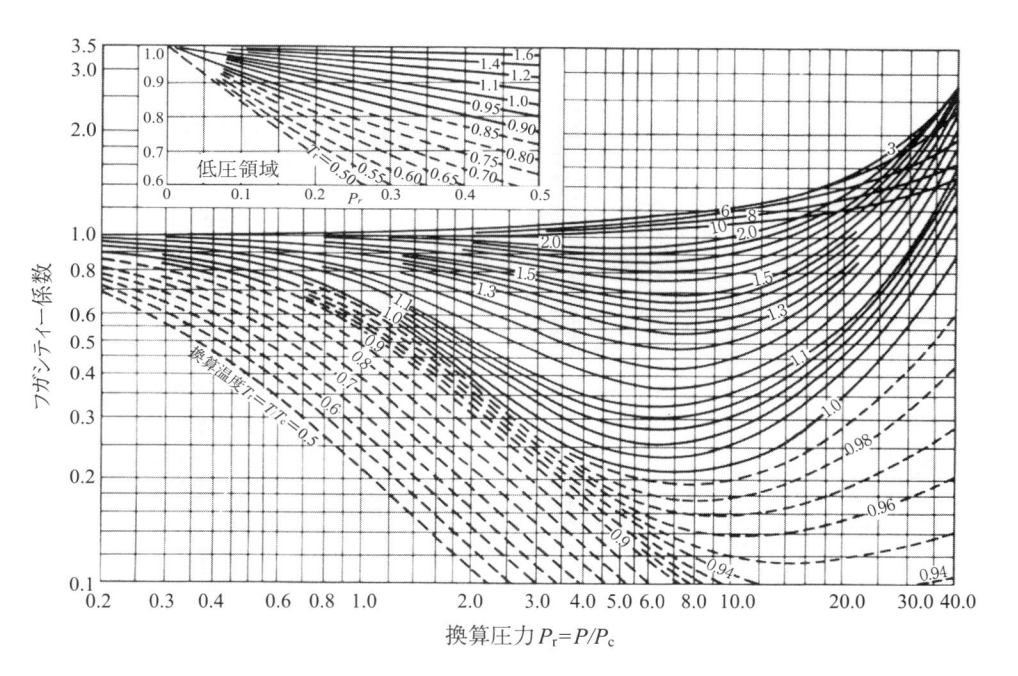

図 2.3 ファン・デル・ワールスの気体の状態方程式から求められる換算温度・換算圧力とフガシティー係数との関係 (Nordstrom and Munoz, 1994)

ル・ワールスの状態方程式は，理想気体の状態方程式と比べて格段に優れているが，同時に，必ずしも満足できるものではないことを示している．

ファン・デル・ワールスの状態方程式は，上述したように必ずしも満足できるものではないため，この式を基に次のレドリッヒ–クウォンの状態方程式 (Redlich and Kwong, 1949) が導き出されている．

$$P = \frac{RT}{(V-b)} - \frac{a}{(V(V+b)T^{0.5})} \tag{2.25}$$

この状態方程式では，臨界点における圧縮率因子 Z_c は $1/3\,(0.333)$ となり，ファン・デル・ワールスの状態方程式よりも実在気体の値に近づいている．さらに，(2.25) 式のレドリッヒ–クウォンの状態方程式中の定数 a を温度の関数とした次の修正レドリッヒ–クウォンの状態方程式が de Santis *et al.* (1974) および Holloway (1977) により提案されている．

$$P = \frac{RT}{(V-b)} - \frac{a(T)}{(V(V+b)T^{0.5})} \tag{2.26}$$

レドリッヒ-クウォンの状態方程式を基にして，さらに精度の高い状態方程式が提案されているが，その理論的な意味づけは薄くなっている．これらとは別に，気体の状態を精度良く表すことを目的として多項式を用いた状態方程式である次のビリアル状態方程式が提案されている．

$$PV = RT\left(1 + \frac{B}{V} + \frac{C}{V^2} + \cdots\right) \tag{2.27}$$

ここで，$B, C, \cdots$ などの係数は温度に依存する係数であり，ビリアル係数と呼ばれる．

2.4 混合気体

理想気体の混合に対しては，気体を構成する i 成分の分圧 P_i は全圧 P と i 成分のモル分率 x_i を用いて

$$P_i = P x_i \tag{2.28}$$

と表されるので，その化学ポテンシャルは (2.4) 式から

$$\mu_i[T, P] = \mu_i^\circ[T, 1] + RT \ln P_i \tag{2.29}$$
$$= \mu_i^\circ[T, 1] + RT \ln P x_i \tag{2.30}$$
$$= \mu_i^\circ[T, 1] + RT \ln P + RT \ln x_i \tag{2.31}$$
$$= \mu_i^\circ[T, P] + RT \ln x_i \tag{2.32}$$

と書き表される．ここで μ_i° は標準化学ポテンシャルである．

実在気体の混合に対しては，(2.29) 式および (2.30) 式の P_i と Px_i の部分は f_i と $f_i^\circ[T, P] a_i$ とに置き換えられる．

$$\mu_i[T, P] = \mu_i^\circ[T, 1] + RT \ln f_i \tag{2.33}$$
$$= \mu_i^\circ[T, 1] + RT \ln f_i^\circ[T, P] a_i \tag{2.34}$$
$$= \mu_i^\circ[T, 1] + RT \ln f_i^\circ[T, P] + RT \ln a_i \tag{2.35}$$

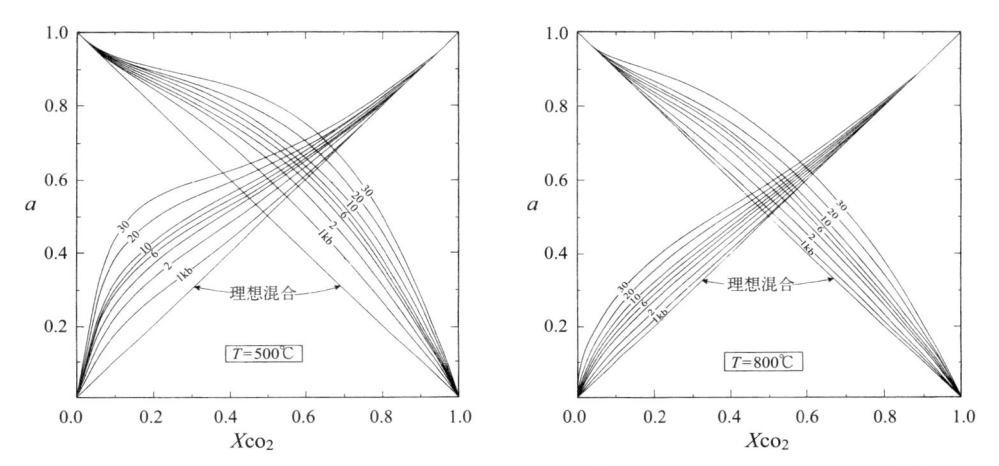

図 2.4 500℃および800℃における H_2O-CO_2 混合気体に対する活動度とモル分率との関係 (1〜30 kb) (Kerrick and Jacobs, 1981)

$$= \mu_i^\circ[T,1] + RT \ln f_i^\circ[T,P] + RT \ln x_i + RT \ln \gamma_i \quad (2.36)$$

$$= \mu_i^\circ[T,P] + RT \ln x_i + RT \ln \gamma_i \quad (2.37)$$

ここで，$f_i^\circ[T,P]$ は温度 T および圧力 P における純粋な実在気体 i のフガシティー，a_i は実在気体 i の活動度（活量）であり，

$$a_i = \gamma_i x_i \quad (2.38)$$

と表される．ここで，γ_i は活動度係数（活量係数）であり，混合における理想 (x_i) からのずれを表す係数である．H_2O-CO_2 混合気体に対する活動度係数 (Kerrick and Jacobs, 1981) を図 2.4 に示す．温度が高いほど，また，圧力が低いほど，気体の混合は理想混合に近づくことを示している．

実在気体の混合に関して理想混合である ($\gamma_i = 1$) とした場合は，$f_i = f_i^\circ[T,P]x_i$（ルイス-ランダル則）と表され，(2.36) および (2.37) 式は

$$\mu_i[T,P] = \mu_i^\circ[T,1] + RT \ln f_i^\circ[T,P] + RT \ln x_i \quad (2.39)$$

$$= \mu_i^\circ[T,P] + RT \ln x_i \quad (2.40)$$

となる．

2.5 気体が関与した化学平衡

気体と純粋な固体が関与した下記の反応を考える.

$$a\mathrm{A} + b\mathrm{B} = c\mathrm{C} + d\mathrm{D} + y\mathrm{Y} + z\mathrm{Z} \tag{2.41}$$

ここで，A，B，C および D は固体であり，いずれも固溶体を形成しないとする．また，Y および Z は気体であるとする．この反応に対するギブスエネルギー変化は

$$\begin{aligned}
\Delta G_\mathrm{r}[T,P] &= c\mu_\mathrm{C}[T,P] + d\mu_\mathrm{D}[T,P] + y\mu_\mathrm{Y}[T,P] + z\mu_\mathrm{Z}[T,P] \\
&\quad - a\mu_\mathrm{A}[T,P] - b\mu_\mathrm{B}[T,P] \\
&= c\mu_\mathrm{C}^\circ[T,P] + d\mu_\mathrm{D}^\circ[T,P] - a\mu_\mathrm{A}^\circ[T,P] - b\mu_\mathrm{B}^\circ[T,P] \\
&\quad + y(\mu_\mathrm{Y}^\circ[T,1] + RT \ln f_\mathrm{Y}) + z(\mu_\mathrm{Z}^\circ[T,1] + RT \ln f_\mathrm{Z}) \\
&= c\mu_\mathrm{C}^\circ[T,1] + d\mu_\mathrm{D}^\circ[T,1] - a\mu_\mathrm{A}^\circ[T,1] - b\mu_\mathrm{B}^\circ[T,1] + \Delta V_\mathrm{s}(P-1) \\
&\quad + y(\mu_\mathrm{Y}^\circ[T,1] + RT \ln f_\mathrm{Y}) + z(\mu_\mathrm{Z}^\circ[T,1] + RT \ln f_\mathrm{Z}) \\
&= \Delta G_\mathrm{r}^\circ[T,1] + \Delta V_\mathrm{s}(P-1) + yRT \ln f_\mathrm{Y} + zRT \ln f_\mathrm{Z} \tag{2.42}
\end{aligned}$$

となる．ここで，

$$\begin{aligned}
\Delta G_\mathrm{r}^\circ[T,1] &= c\mu_\mathrm{C}^\circ[T,1] + d\mu_\mathrm{D}^\circ[T,1] + y\mu_\mathrm{Y}^\circ[T,1] + z\mu_\mathrm{Z}^\circ[T,1] \\
&\quad - a\mu_\mathrm{A}^\circ[T,1] - b\mu_\mathrm{B}^\circ[T,1] \tag{2.43}
\end{aligned}$$

である．また，ΔV_s は，反応式の右辺と左辺に存在する固相に関する体積変化を示しており，ここでは，温度・圧力によらず一定であるとしている．

H_2O は地殻中で最も重要な気体である．H_2O が関与した SiO_2 - MgO - CaO - H_2O 系の温度-圧力図を図 2.5 に示す．この図では，固相にかかる圧力（固相圧）と気相 (H_2O) にかかる圧力（気相圧）は同じであるとして計算が行なわれている．脱水を伴う平衡曲線の勾配は一般的に $\Delta V_\mathrm{r} > 0$ および $\Delta S_\mathrm{r} > 0$ であることから (1.47) 式より正となり，圧力の増加とともに ΔV_r が小さくなることからその勾配は圧力の増加とともに大きくなる．圧力がさらに高くなると水（気相）の

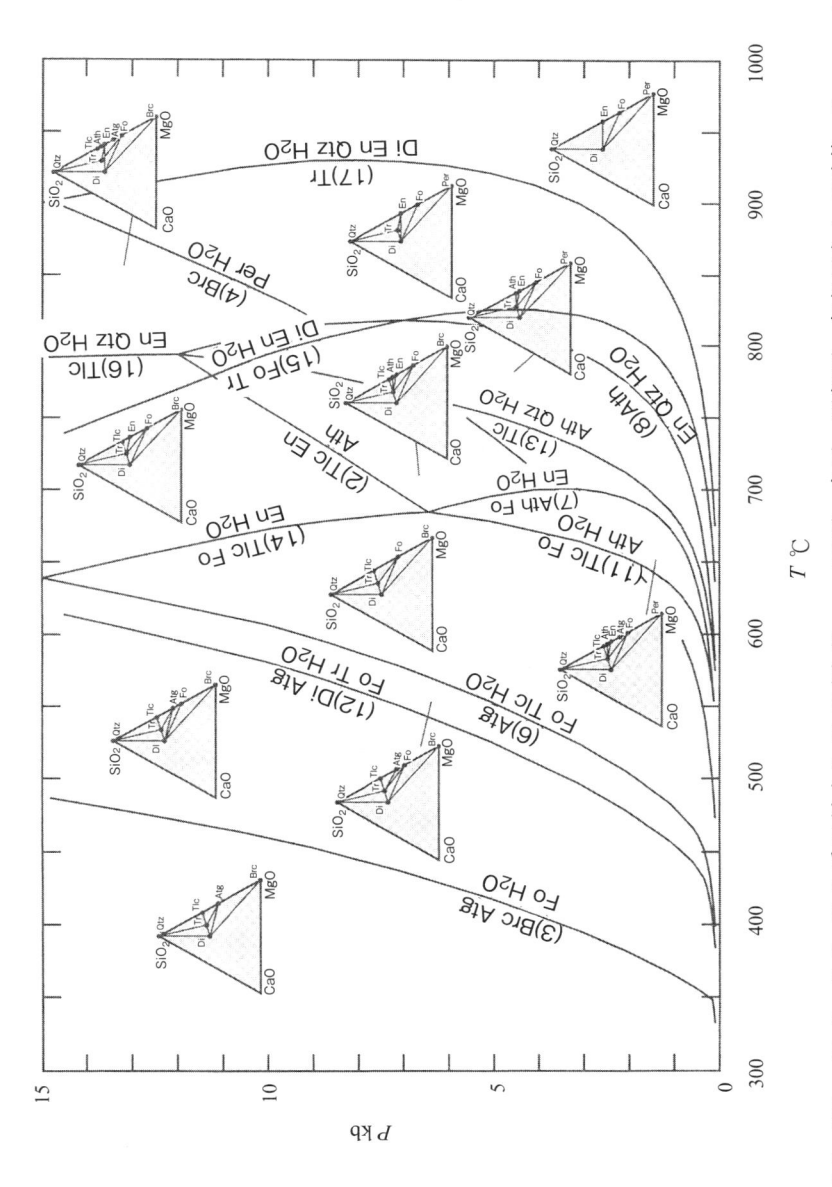

2.5 気体が関与した化学平衡 **31**

図 2.5 SiO_2 - MgO - CaO - H_2O 系に対する P-T 図 (Spear, 1993). 全圧＝固相圧＝気相圧として計算. Berman et al. (1985) および Berman (1988) の熱力学的データセットを使用. Qtz: 石英, Di: 透輝石, Tr: 透閃石, Tlc: 滑石, Atg: 蛇紋石, Fo: フォルステライト, Brc: ブルーサイト, Ath: 直閃石, En: エンスタタイト, Per: ペリクレス.

図中ラベル:
(1) D/B
(2) D+H₂O / B
(3) D+CO₂ / B
(4) D+H₂O+CO₂ / B
(5) D+H₂O / B+CO₂
(6) D+CO₂ / B+H₂O

縦軸: T、横軸: X_{CO_2}（H₂O → CO₂）

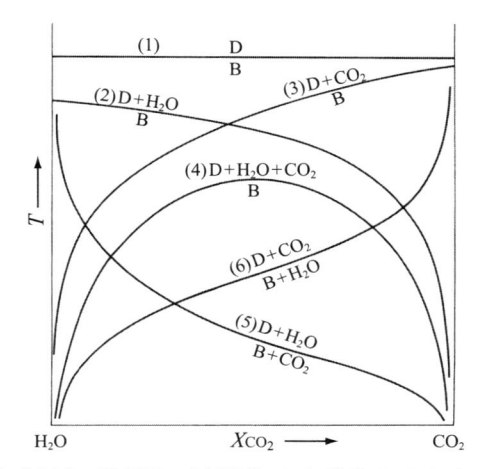

図 2.6 T-X_{CO_2} 図（全圧 = 固相圧 = 気相圧）における H_2O および CO_2 の関与した平衡曲線の形状 (Miyashiro, 1994)

圧縮が進み $\Delta V_r < 0$ となり，勾配が負になることもある．図 2.5 の平衡曲線 (7), (8), (14), (15), (16) および (17) は高圧において負の勾配を示している．

CO_2 も H_2O と並んで地殻中における重要な気体であり，H_2O および CO_2 が関与した平衡曲線は，圧力を一定として，縦軸に温度を，横軸に CO_2 のモル分率をとった T-x_{CO_2} 図（全圧 = 固相圧 = 気相圧）として表されることが多い（図 2.6）．圧力 5 kb における SiO_2-MgO-CaO-H_2O-CO_2 系の平衡曲線を図 2.7 に示す．

酸素が関与した反応も鉱物の安定性を考える上で重要な反応である．例えば，磁鉄鉱と赤鉄鉱との間の酸化・還元反応を考えると，この 2 つの鉱物間における化学反応式は次のように書くことができる．

$$2Fe_3O_4(磁鉄鉱) + \frac{1}{2}O_2 = 3Fe_2O_3(赤鉄鉱) \tag{2.44}$$

この反応に対するギブスエネルギー変化は

$$\begin{aligned}\Delta G_r[T,P] &= 3\mu_{Fe_2O_3}[T,P] - 2\mu_{Fe_3O_4}[T,P] - \frac{1}{2}\mu_{O_2}[T,P] \\ &= 3\mu^\circ_{Fe_2O_3}[T,1] - 2\mu^\circ_{Fe_3O_4}[T,1] + \Delta V_s(P-1) - \frac{1}{2}\mu^\circ_{O_2}[T,1] \\ &\quad - \frac{1}{2}RT\ln f_{O_2}\end{aligned}$$

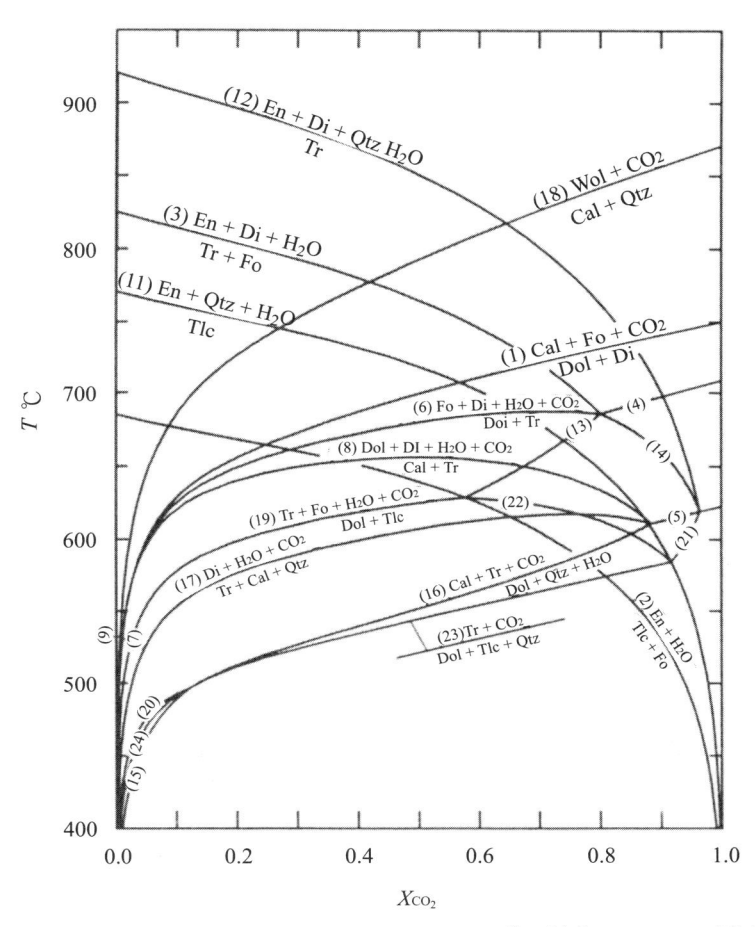

図 2.7 5 kb における SiO_2-MgO-CaO-H_2O-CO_2 系に対する T-X_{CO_2} 図 (Spear, 1993). 全圧＝固相圧＝気相圧として計算. Berman (1988) の熱力学的データセットを使用. Cal: 方解石, Dol: ドロマイト, Tlc: 滑石, Qtz: 石英, Tr: 透閃石, Fo: フォルステライト, En: エンスタタイト, Di: 透輝石, Wol: 珪灰石.

$$= \Delta G_r^\circ [T, 1] + \Delta V_s(P-1) - \frac{1}{2} RT \ln f_{O_2} \tag{2.45}$$

となる. ここで,

$$\Delta G_r^\circ [T, 1] = 3\mu_{Fe_2O_3}^\circ [T, 1] - 2\mu_{Fe_3O_4}^\circ [T, 1] - \frac{1}{2}\mu_{O_2}^\circ [T, 1] \tag{2.46}$$

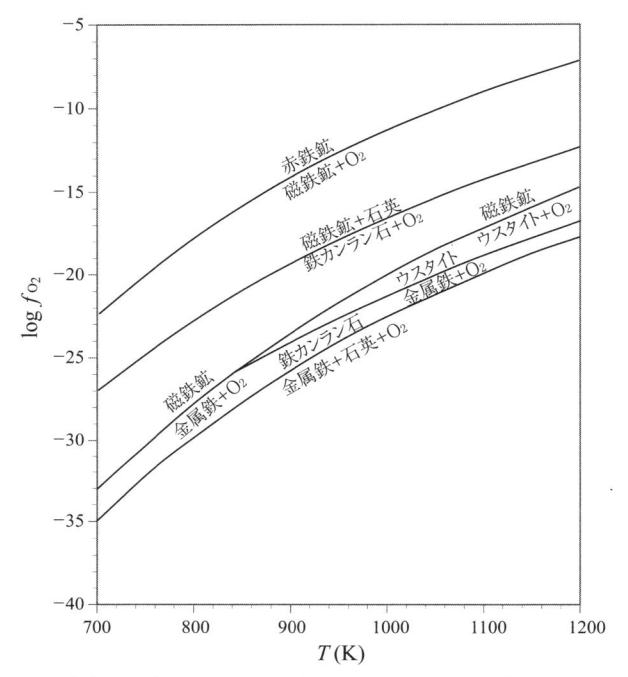

図 2.8 酸素が関与した反応に対する $\log f_{O_2}$-T 図（全圧 $= 1\,\mathrm{bar}$）(Haas and Hemingway, 1992)

であり，ΔV_s は反応における固相に関する体積変化である．よって，平衡において

$$f_{O_2} = \exp\left(\frac{2(\Delta G_\mathrm{r}^\circ [T,1] + \Delta V_\mathrm{s}(P-1))}{RT}\right) \tag{2.47}$$

と求められる．酸素が関与した反応に対する酸素分圧 ($\log f_{O_2}$) と温度との関係を図 2.8 に示す．

2.6　H_2O と CO_2 の熱力学的データ

気体のフガシティーは，2.2節で示したように，気体の体積の温度・圧力依存性に関するデータを用いて (2.5) 式から求められる．Holland and Powell (1990) では，H_2O に対しては主として Burnham et al. (1968) の体積データを，CO_2 に対

しては主として Shmonov and Shmulovich (1974) の体積データを基に，温度・圧力の多項式として両気体に対するフガシティーが与えられている．Holland and Powell (1991) では，基本的に (2.26) 式の修正レドリッヒ-クウォンの状態方程式 (MRK) が使用されているが，修正レッドリッヒ-クウォンの状態方程式から求められる体積 (V_{MRK}) に対して，次の補正が加えられている．

$$V = V_{MRK} + c(P - P^*)^{0.5} + d(P - P^*) \tag{2.48}$$

ここで，

$$c = c_0 + c_1 T \tag{2.49}$$
$$d = d_0 + d_1 T \tag{2.50}$$

であり，c_0, c_1, d_0 および d_1 は定数である (Holland and Powell (1991) の Table 1)．P^* は，修正レドリッヒ-クウォンの状態方程式が実験で求められた体積のデータと一致しなくなる圧力であり，これよりも高い圧力条件下においてのみ (2.48) 式の補正が加えられている．Holland and Powell (1991) では，H_2O に対しては $P^* = 2\,\mathrm{kb}$，CO_2 に対しては $P^* = 5\,\mathrm{kb}$ とされている．なお，Holland and Powell (1991) では，H_2O に対する体積データとして，Burnham et al. (1968) のデータの代わりに Bulakh (1979) および Haar et al. (1984) のデータが使用されている．

Holland and Powell (1998) では，(2.48) 式に改良が加えられ，

$$V = V_{MRK} + a(P - P^*) + b(P - P^*)^{\frac{1}{2}} + c(P - P^*)^{\frac{1}{4}} \tag{2.51}$$

と表されている．ここで，a, b, c は定数である．Holland and Powell (1998) の Table 2 から求めた純粋な H_2O および CO_2 に対するフガシティー係数をそれぞれ表 2.1 および表 2.2 に示す．

さらに，Holland and Powell (2011) では，修正レッドリッヒ-クウォンの状態方程式に基づく (2.48) 式および (2.51) 式に代わって，Pitzer and Sterner (1995) に基づく状態方程式が使用されている．

表 2.1 　H_2O のフガシティー係数．Holland and Powell (1998) の Table 2 より計算．

P(kb)\\T(℃)	200	300	400	500	600	700	800	900	1000
0.5	0.037	0.162	0.433	0.668	0.784	0.858	0.906	0.941	0.964
1.0	0.024	0.102	0.275	0.468	0.633	0.753	0.838	0.899	0.943
1.5	0.020	0.086	0.228	0.394	0.557	0.693	0.797	0.876	0.934
2.0	0.019	0.080	0.210	0.365	0.522	0.663	0.777	0.867	0.935
2.5	0.020	0.079	0.205	0.355	0.511	0.653	0.774	0.872	0.947
3.0	0.021	0.081	0.207	0.356	0.512	0.655	0.783	0.886	0.967
3.5	0.022	0.085	0.213	0.364	0.522	0.671	0.801	0.907	0.993
4.0	0.025	0.091	0.224	0.378	0.539	0.691	0.825	0.936	1.025
4.5	0.027	0.098	0.237	0.397	0.562	0.719	0.855	0.971	1.063
5.0	0.031	0.107	0.254	0.420	0.591	0.751	0.892	1.010	1.105
5.5	0.035	0.118	0.273	0.446	0.623	0.789	0.933	1.055	1.152
6.0	0.039	0.130	0.296	0.477	0.661	0.832	0.981	1.104	1.204
6.5	0.045	0.144	0.321	0.513	0.704	0.880	1.032	1.159	1.260
7.0	0.052	0.161	0.351	0.552	0.751	0.933	1.090	1.219	1.321
7.5	0.059	0.180	0.384	0.598	0.805	0.992	1.152	1.284	1.386
8.0	0.068	0.201	0.422	0.647	0.864	1.056	1.221	1.354	1.457
8.5	0.079	0.226	0.464	0.702	0.928	1.126	1.294	1.430	1.533
9.0	0.091	0.254	0.511	0.763	0.999	1.204	1.375	1.510	1.614
9.5	0.106	0.286	0.564	0.831	1.075	1.287	1.460	1.598	1.702
10.0	0.123	0.323	0.623	0.906	1.160	1.377	1.553	1.692	1.793

表 2.2 CO_2 のフガシティー係数. Holland and Powell (1998) の Table 2 より計算.

P(kb)\\T(℃)	200	300	400	500	600	700	800	900	1000
0.5	0.753	0.930	1.034	1.093	1.128	1.148	1.159	1.165	1.167
1.0	0.844	1.059	1.191	1.270	1.316	1.342	1.354	1.359	1.359
1.5	1.079	1.308	1.445	1.524	1.566	1.585	1.590	1.587	1.579
2.0	1.452	1.679	1.800	1.860	1.882	1.883	1.871	1.988	1.832
2.5	2.007	2.199	2.275	2.293	2.276	2.245	2.206	2.167	2.125
3.0	2.823	2.920	2.905	2.841	2.766	2.684	2.605	2.530	2.462
3.5	4.013	3.905	3.729	3.543	3.368	3.216	3.080	2.962	2.853
4.0	5.750	5.254	4.809	4.427	4.119	3.861	3.643	3.457	3.301
4.5	8.285	7.105	6.220	5.549	5.040	4.635	4.309	4.045	3.820
5.0	11.963	9.628	8.060	6.967	6.176	5.570	5.104	4.728	4.420
5.5	17.186	12.986	10.400	8.713	7.539	6.670	6.018	5.508	5.098
6.0	24.517	17.403	13.387	10.851	9.166	7.966	7.075	6.398	5.862
6.5	34.953	23.339	17.167	13.503	11.129	9.497	8.310	7.423	6.731
7.0	49.495	31.157	21.988	16.746	13.481	11.291	9.742	8.593	7.716
7.5	70.267	41.546	28.106	20.776	16.324	13.427	11.403	9.937	8.832
8.0	99.188	55.296	35.893	25.692	19.745	15.939	13.331	11.483	10.096
8.5	139.848	73.421	45.690	31.796	23.845	18.902	15.577	13.253	11.533
9.0	197.360	97.622	58.258	39.242	28.778	22.383	18.182	15.271	13.170
9.5	277.262	129.385	74.116	48.431	34.696	26.488	21.194	17.597	15.015
10.0	389.605	171.238	94.046	59.752	41.773	31.317	24.717	20.249	17.101

第3章

固溶体の熱力学

3.1 理想溶液

　固溶体とは，2種類以上の物質が均一に溶け合った固体状の物質（溶液）である．例えば，金と銀の合金やカリ長石と曹長石からなるアルカリ長石は固溶体である．ここでは，まず初めに，固溶体が理想溶液である場合を考える．
　理想溶液は熱力学的には次のように定義される．

① 混合に際して内部エネルギー変化（混合内部エネルギー）がない：$\Delta U^{\mathrm{mix}} = 0$
② 混合に際して体積変化がない：$\Delta V^{\mathrm{mix}} = 0$
③ 混合に際して熱の出入り（混合エンタルピー）がない：$\Delta H^{\mathrm{mix}} = 0$
④ 混合エントロピーは理想混合エントロピーとなる：2成分系の場合の理想混合エントロピーは，$\Delta S^{\mathrm{mix}} = -nR(x_\mathrm{A} \ln x_\mathrm{A} + x_\mathrm{B} \ln x_\mathrm{B})$ と表される．

　ただし，③の定義は，(1.4) 式から得られる $\Delta H^{\mathrm{mix}} = \Delta U^{\mathrm{mix}} + P\Delta V^{\mathrm{mix}}$ の関係を用いて定義①および②より導き出される．④の関係は次のように導き出される．
　N_A 個の A 粒子と N_B 個の B 粒子からなる2成分系の固溶体を考える．A–B 粒子間に過剰相互作用がない場合，A および B 粒子を $N_\mathrm{A} + N_\mathrm{B}$ 個の結晶格子に配置する仕方の数 Ω は

$$\Omega = \frac{(N_\mathrm{A} + N_\mathrm{B})!}{N_\mathrm{A}! N_\mathrm{B}!} \tag{3.1}$$

となる．統計力学より混合エントロピーは

$$\Delta S^{\mathrm{mix}} = k \ln \Omega \tag{3.2}$$

と表される．この式はボルツマンの関係式と呼ばれ，k はボルツマン定数である．このボルツマンの関係式は次のことから導き出される．エントロピーに関しては加算性が成り立つので，A および B 粒子の 2 成分からなる 2 つの系 I と系 II の混合エントロピーの和は，$\Delta S(\mathrm{I})^{\mathrm{mix}} + \Delta S(\mathrm{II})^{\mathrm{mix}}$ となる．それに対して，系 I と系 II を合わせた系全体における A および B 粒子の配置の仕方は系 I における配置の仕方 $\Omega(\mathrm{I})$ と系 II における配置の仕方 $\Omega(\mathrm{II})$ の積 $\Omega(\mathrm{I}) \cdot \Omega(\mathrm{II})$ となる．このことから，両者を結びつける式として (3.2) 式のボルツマンの関係式が導き出される．

十分に大きな整数 N に対して，次のスターリングの公式

$$\ln N! = N(\ln N - 1) \tag{3.3}$$

が成り立つので，(3.2) 式に (3.1) 式を代入して次のように展開される．

$$\begin{aligned}
\Delta S_{\mathrm{AB}}^{\mathrm{mix}} &= k \ln \Omega \\
&= k \ln \frac{(N_{\mathrm{A}} + N_{\mathrm{B}})!}{N_{\mathrm{A}}! N_{\mathrm{B}}!} \\
&= k(N_{\mathrm{A}} + N_{\mathrm{B}})(\ln(N_{\mathrm{A}} + N_{\mathrm{B}}) - 1) - kN_{\mathrm{A}}(\ln N_{\mathrm{A}} - 1) - kN_{\mathrm{B}}(\ln N_{\mathrm{B}} - 1) \\
&= -k \left(N_{\mathrm{A}} \ln \frac{N_{\mathrm{A}}}{N_{\mathrm{A}} + N_{\mathrm{B}}} + N_{\mathrm{B}} \ln \frac{N_{\mathrm{B}}}{N_{\mathrm{A}} + N_{\mathrm{B}}} \right)
\end{aligned} \tag{3.4}$$

n_{A} および n_{B} をそれぞれ A 粒子と B 粒子のモル数とすると，(3.4) 式は

$$\Delta S_{\mathrm{AB}}^{\mathrm{mix}} = -R \left(n_{\mathrm{A}} \ln \frac{n_{\mathrm{A}}}{n_{\mathrm{A}} + n_{\mathrm{B}}} + n_{\mathrm{B}} \ln \frac{n_{\mathrm{B}}}{n_{\mathrm{A}} + n_{\mathrm{B}}} \right) \tag{3.5}$$

と書き表される．なお，アボガドロ定数を N° で表すと $R = kN^\circ$ の関係がある．$n = n_{\mathrm{A}} + n_{\mathrm{B}}$ とすると，(3.5) 式は

$$\Delta S_{\mathrm{AB}}^{\mathrm{mix}} = -nR(x_{\mathrm{A}} \ln x_{\mathrm{A}} + x_{\mathrm{B}} \ln x_{\mathrm{B}}) \tag{3.6}$$

となり，これが定義④の理想混合エントロピーである．(3.5) 式を 1 モルあたりに書き直すと

$$\Delta s_{\mathrm{AB}}^{\mathrm{mix}} = -R(x_{\mathrm{A}} \ln x_{\mathrm{A}} + x_{\mathrm{B}} \ln x_{\mathrm{B}}) \tag{3.7}$$

となる．(3.7) 式と定義③の $\Delta H^{\mathrm{mix}} = 0$ から系 1 モルあたりの混合ギブスエネルギー

$$\Delta g_{\mathrm{AB}}^{\mathrm{mix}} = RT(x_{\mathrm{A}} \ln x_{\mathrm{A}} + x_{\mathrm{B}} \ln x_{\mathrm{B}}) \tag{3.8}$$

が導かれる．よって，系の1モルあたりのギブスエネルギーは

$$g_{AB} = x_A \mu_A^\circ + x_B \mu_B^\circ + RT(x_A \ln x_A + x_B \ln x_B) \tag{3.9}$$

となる．(3.5)式からn_AモルのA粒子とn_BモルのB粒子からなる系に対するギブスエネルギーは

$$G_{AB} = n_A \mu_A^\circ + n_B \mu_B^\circ + RT \left(n_A \ln \frac{n_A}{n_A + n_B} + n_B \ln \frac{n_B}{n_A + n_B} \right) \tag{3.10}$$

と書き表される．(3.9)式および(3.10)式において右辺の第1項と第2項は機械的混合を表し，第3項は化学的混合を表す．(1.50)式の化学ポテンシャルの定義から，(3.10)式をn_Aあるいはn_Bで偏微分すると，それぞれ

$$\mu_A = \mu_A^\circ + RT \ln x_A \tag{3.11}$$

および

$$\mu_B = \mu_B^\circ + RT \ln x_B \tag{3.12}$$

が導かれる．

3.2 正則溶液

上述したようにAおよびB粒子からなる2成分系の理想溶液では，$\Delta H_{AB}^{mix} = 0$，$\Delta S_{AB}^{mix} = -nR(x_A \ln x_A + x_B \ln x_B)$となる．理想溶液からのずれを過剰 (ex: excess) として表現すると理想溶液では，$\Delta H_{AB}^{ex} = 0, \Delta S_{AB}^{ex} = 0$となる．それに対し，実在溶液では，$\Delta H_{AB}^{ex} \neq 0, \Delta S_{AB}^{ex} \neq 0$となる．一般的に鉱物固溶体では$\Delta H_{AB}^{ex} \neq 0, \Delta S_{AB}^{ex} = 0$とみなされることが多く，このような溶液は正則溶液と呼ばれる．他方，$\Delta H_{AB}^{ex} = 0, \Delta S_{AB}^{ex} \neq 0$の場合は無熱溶液と呼ばれ，低分子溶媒と高分子からなる高分子溶液が無熱溶液の代表例である．本節では，鉱物を含む無機固溶体に適用されることが多い正則溶液を取りあげる．なお，正則溶液では，粒子間に過剰相互作用があるにもかかわらず，混合が無秩序である（粒子の配置に影響がない）といった矛盾点を含んでいる．ここでは，N_A個のA粒子とN_B個のB粒子とからなる2成分系を考える．

A-A粒子間，B-B粒子間およびA-B粒子間の相互作用内部エネルギーを W_{AA}, W_{BB} および W_{AB} とし，A-A粒子間，B-B粒子間およびA-B粒子間の結合数を N_{AA}, N_{BB} および N_{AB} とすると，系全体の相互作用内部エネルギーは

$$U_{AB} = N_{AA}W_{AA} + N_{BB}W_{BB} + N_{AB}W_{AB} \tag{3.13}$$

と書き表される．ここで，最近接粒子の数を示す配位数を z とした場合，A粒子あるいはB粒子が関与した結合の数は，それぞれ次のようになる．

$$\text{A粒子が関与した結合の数：} \quad zN_A = 2N_{AA} + N_{AB} \tag{3.14}$$

$$\text{B粒子が関与した結合の数：} \quad zN_B = 2N_{BB} + N_{AB} \tag{3.15}$$

A-A粒子結合およびB-B粒子結合では，自分自身と相手を中心にして一度ずつ数えるので結合の数は2倍になる．(3.14)式および(3.15)式を変形すると，それぞれ

$$N_{AA} = \frac{z}{2}N_A - \frac{N_{AB}}{2} \tag{3.16}$$

$$N_{BB} = \frac{z}{2}N_B - \frac{N_{AB}}{2} \tag{3.17}$$

となり，これを(3.13)式に代入して整理すると

$$U_{AB} = \frac{z}{2}N_AW_{AA} + \frac{z}{2}N_BW_{BB} + N_{AB}\left(W_{AB} - \frac{1}{2}(W_{AA} + W_{BB})\right) \tag{3.18}$$

が得られる．(3.18)式の右辺の第1項と第2項は，それぞれ純物質AおよびBの相互作用内部エネルギーであるので，過剰混合内部エネルギーは

$$\Delta U_{AB}^{\text{ex}} = N_{AB}W \tag{3.19}$$

となる．ここで，

$$W = W_{AB} - \frac{1}{2}(W_{AA} + W_{BB}) \tag{3.20}$$

である．WはA-A結合とB-B結合を切って，A-B結合を作るために要するエネルギー（過剰相互作用内部エネルギー）に対応する．系の温度が十分に高く，熱運動エネルギーが過剰相互作用内部エネルギーと比べて十分に大きいか，ある

いは，過剰相互作用内部エネルギーが熱運動エネルギーと比べて十分に小さい場合，分子間力の違いは粒子の配置に対して影響を与えなくなる（統計力学的にはボルツマン因子が1となる）．このとき，A-B結合の出現確率は，隣り合う2つの席IおよびIIにおいて，席IにA粒子が入り，席IIにB粒子が入る確率が $N_A N_B/(N_A + N_B)^2$ であり，また，席IにB粒子が入り，席IIにA粒子が入る確率も $N_A N_B/(N_A + N_B)^2$ であることから，$2N_A N_B/(N_A + N_B)^2$ となる．系全体におけるA-B結合の数 N_{AB} は，すべての結合（A-A結合，B-B結合，A-B結合）の数が $z(N_A + N_B)/2$ 個であることから，

$$N_{AB} = \left(\frac{2N_A N_B}{(N_A + N_B)^2}\right)\left(\frac{z}{2}(N_A + N_B)\right) = z\frac{N_A N_B}{(N_A + N_B)} \tag{3.21}$$

となる．これを (3.19) 式に代入すると

$$\Delta U_{AB}^{ex} = z\frac{N_A N_B}{(N_A + N_B)}W \tag{3.22}$$

が得られる．$w = zWN°$ と置き換えると

$$\Delta U_{AB}^{ex} = \frac{n_A n_B}{(n_A + n_B)}w \tag{3.23}$$

となり，1モルあたりにすると

$$\Delta u_{AB}^{ex} = x_A x_B w \tag{3.24}$$

となる．w は相互作用パラメータと呼ばれる．また，$\Delta H^{ex} = \Delta U^{ex} + P\Delta V^{ex}$ の関係において，一般的に $P\Delta V^{ex}$ の項は十分に小さく無視することができるので，1モルあたりの過剰混合エンタルピーおよび過剰混合ギブスエネルギーは，それぞれ

$$\Delta h_{AB}^{ex} = x_A x_B w \tag{3.25}$$

および

$$\Delta g_{AB}^{ex} = x_A x_B w \tag{3.26}$$

と表される．よって，系の1モルあたりのギブスエネルギーは

$$g_{AB} = x_A \mu_A° + x_B \mu_B° + RT(x_A \ln x_A + x_B \ln x_B) + x_A x_B w \tag{3.27}$$

となる．このような正則溶液に対する近似的な取り扱いをブラッグ-ウィリアムズ (Bragg-Williams) 近似という．この場合，過剰混合ギブスエネルギーは $x_A = x_B = 0.5$ を境に対称となることから，対称正則溶液と呼ばれる．$w > 0$ の場合，

$$w_{AB} > \frac{1}{2}(w_{AA} + w_{BB})$$

となり，A-A 結合および B-B 結合ができやすく，低温で 2 相分離（離溶，不混和）が生じる．それに対して，$w < 0$ の場合，

$$w_{AB} < \frac{1}{2}(w_{AA} + w_{BB})$$

となり，A-B 結合ができやすく，秩序的な粒子の配置をもつ傾向を示す．n_A モルの A 粒子と n_B モルの B 粒子からなる系のギブスエネルギーは，(3.10) 式と (3.23) 式から

$$G_{AB} = n_A \mu_A^\circ + n_B \mu_B^\circ + RT\left(n_A \ln \frac{n_A}{n_A + n_B} + n_B \ln \frac{n_B}{n_A + n_B}\right) + \frac{n_A n_B}{n_A + n_B} w \tag{3.28}$$

と書き表されるので，(1.50) 式の化学ポテンシャルの定義から，

$$\mu_A = \mu_A^\circ + RT \ln x_A + x_B^2 w \tag{3.29}$$

および

$$\mu_B = \mu_B^\circ + RT \ln x_B + x_A^2 w \tag{3.30}$$

が得られる．

(3.29) 式および (3.30) 式の右辺の第 1 項および第 2 項は理想溶液に対する化学ポテンシャル（(3.11) 式および (3.12) 式）に対応する．第 3 項は理想溶液からのずれを表す過剰化学ポテンシャル μ^{ex} に対応し，

$$\mu_A^{ex} = RT \ln \gamma_A = x_B^2 w \tag{3.31}$$

$$\mu_B^{ex} = RT \ln \gamma_B = x_A^2 w \tag{3.32}$$

である．$x_A \to 1\,(x_B \to 0)$ のとき，$RT \ln \gamma_A \to 0$ および $RT \ln \gamma_B \to w$，すなわち，$\gamma_A = 1$ および $\gamma_B = \exp(w/RT)$ となる．逆に $x_A \to 0\,(x_B \to 1)$ のとき，

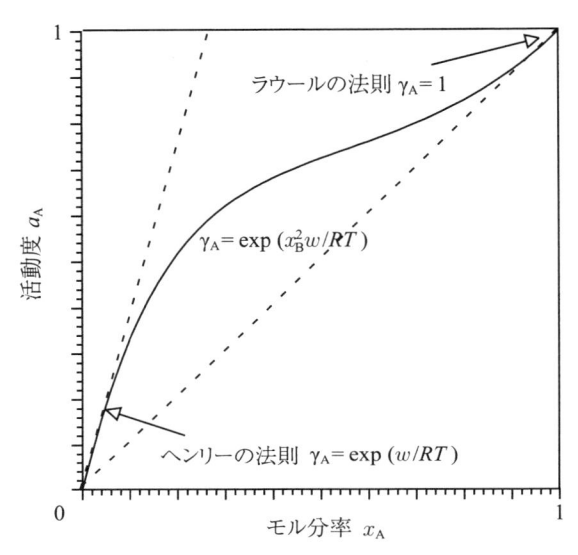

図 3.1 A および B 成分からなる 2 成分系の対称正則溶液に対する活動度とモル分率との関係. $x_B = 1 - x_A$ である.

$RT \ln \gamma_A \to w$ および $RT \ln \gamma_B \to 0$, すなわち, $\gamma_A = \exp(w/RT)$ および $\gamma_B = 1$ となる（図3.1）.

上述したように $x_A \to 1$ のときは $\gamma_A = 1$, $x_B \to 1$ のときは $\gamma_B = 1$ となり, ラウールの法則が成り立つ. ラウールの法則が成り立つ領域では, 理想溶液のように振舞う. また, $x_A \to 0\,(x_B \to 1)$ のときは $\gamma_A = \exp(w/RT)$, $x_B \to 0\,(x_A \to 1)$ のときは $\gamma_B = \exp(w/RT)$ となり, 活動度係数は一定の値をとり, ヘンリーの法則が成り立つ. このとき, 化学ポテンシャルは, それぞれ

$$\mu_A = \mu_A^\circ + RT \ln x_A + w = \mu_A^\ominus + RT \ln x_A \tag{3.33}$$

$$\mu_B = \mu_B^\circ + RT \ln x_B + w = \mu_B^\ominus + RT \ln x_B \tag{3.34}$$

と書くことができ, 新しい基準状態をそれぞれ $\mu_A^\ominus = (\mu_A^\circ + w)$ および $\mu_B^\ominus = (\mu_B^\circ + w)$ とした場合, 理想溶液と同じ形で化学ポテンシャルを書き表すことができる. このような挙動をする溶液を理想希薄溶液と呼ぶ.

3.3 離溶現象

例えば，アルカリ長石は高温において連続固溶体を形成するが，温度が下がると 2 相に分離する．この現象が離溶（不混和）現象である．正則溶液ではこの離溶現象が説明される．

A–B 2 成分系の対称正則溶液に対して 1 モルあたりの混合ギブスエネルギー $\Delta g_{\mathrm{AB}}^{\mathrm{mix}}$ は，

$$\Delta g_{\mathrm{AB}}^{\mathrm{mix}} = RT(x_{\mathrm{A}} \ln x_{\mathrm{A}} + x_{\mathrm{B}} \ln x_{\mathrm{B}}) + x_{\mathrm{A}} x_{\mathrm{B}} w \tag{3.35}$$

と書き表される（図 3.2）．(3.35) 式の右辺の第 1 項は常に負であり，下に凸の曲線を描く．第 2 項は，w が負のときは負になり，下に凸の放物線を描き，右辺全体としても下に凸の曲線になることから連続固溶体が形成される．それに対し，w が正のときは右辺の第 2 項は正となる．温度が高い場合には右辺全体として下に凸の曲線を描くが，温度が低くなると変曲点が現れる．このとき，混合ギブスエネルギー曲線（図 3.2），あるいは，ギブスエネルギー曲線（図 3.3）に対する共通接線の 2 つの接点の間の固溶体のギブスエネルギーは，2 つの接点を結ぶ直線よりも高いため固溶体は接点の組成をもつ 2 相へと分離する．このように対称正則溶液モデルでは，離溶現象が説明される．離溶する 2 相の組成は温度の低下とともに両側に移動し，逆に，温度の上昇とともに中心に近づき，ある温度で一致する．この温度が臨界温度である．2 つの接点を温度に対して連ねた曲線をバイノーダル，または，ソルバスと呼ぶ（図 3.3）．対称正則溶液では，混合ギブスエネルギー曲線に対する共通接線の接点は極小点と一致することから，

$$\left(\frac{\partial \Delta g^{\mathrm{mix}}}{\partial x_{\mathrm{A}}}\right)_{T,P} = RT \ln \left(\frac{x_{\mathrm{A}}}{1 - x_{\mathrm{A}}}\right) + w(1 - 2x_{\mathrm{A}}) = 0 \tag{3.36}$$

となり，この式からバイノーダルが求められる．また，変曲点を温度に対して連ねた曲線をスピノーダルと呼び，対称正則溶液では次の式から求められる．

$$\left(\frac{\partial^2 \Delta g^{\mathrm{mix}}}{\partial x_{\mathrm{A}}^2}\right)_{T,P} = \frac{RT}{x_{\mathrm{A}}(1 - x_{\mathrm{A}})} - 2w = 0 \tag{3.37}$$

スピノーダルの内側では，ギブスエネルギー曲線および混合ギブスエネルギー曲線は上に凸の曲線となり，分離しつつある 2 相（図 3.3 の P1 と P2）のギブスエ

46 第 3 章 固溶体の熱力学

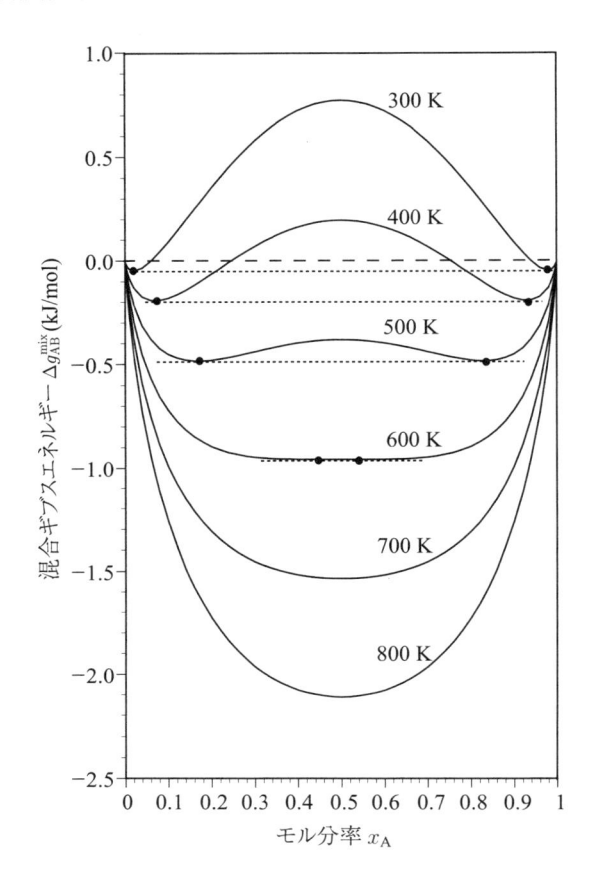

図 3.2 A および B 成分からなる 2 成分系の対称正則溶液に対する混合ギブスエネルギーの温度依存性．相互作用パラメータ $w = 10\,\text{kJ}\cdot\text{mol}^{-1}$ として計算．

ネルギーの和が元の固溶体（図 3.3 の P）のギブスエネルギーよりも低いことから 2 相分離は自ずと進んでいく．しかしながら，バイノーダルとスピノーダルの間の組成をもつ固溶体（図 3.3 の Q）は大局的には不安定であるが，ギブスエネルギー曲線および混合ギブスエネルギー曲線が下に凸の曲線を描くため，分離しつつある 2 相（図 3.3 の Q1 と Q2）のギブスエネルギーの和は元の固溶体（図 3.3 の Q）のギブスエネルギーよりも高いことから 2 相分離が進みにくく，準安定な 1 相の固溶体として残存しやすい．

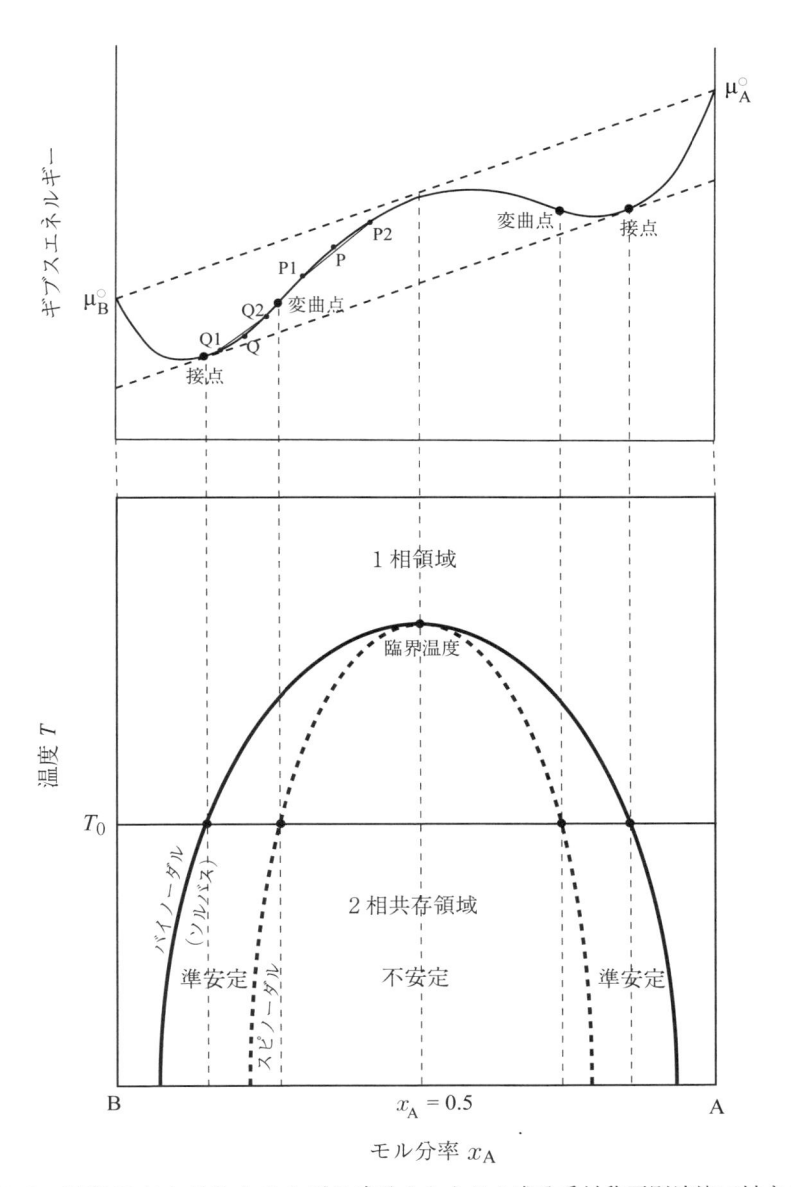

図 3.3　温度 T_0 における A および B 成分からなる 2 成分系対称正則溶液に対するギブスエネルギー曲線とバイノーダルおよびスピノーダルとの関係

(3.37) 式において $x_A = x_B = 0.5$ とすると臨界温度 T_c は

$$T_c = \frac{w}{2R} \tag{3.38}$$

と求められる.

3.4 非対称正則溶液

一般的に鉱物などの無機物質の2成分固溶体に対する過剰混合ギブスエネルギー曲線は，対称とならず，非対称になる．このような非対称正則溶液に対しては，対称正則溶液において1つであった相互作用パラメータを2つ導入して，1モルあたりの過剰混合ギブスエネルギーを次のように表す．

$$\Delta g_{AB}^{ex} = x_A x_B (w_A x_B + w_B x_A) \tag{3.39}$$

(3.39) 式は，3成分系に対して2成分系と同様にブラッグ-ウィリアムズ近似を用いて過剰混合ギブスエネルギーの式を求め，最終的に第3成分を0とすることにより得られる (Kakuda *et al.*, 1994). この場合，相互作用パラメータは，3粒子間において定義され，w_{AAA}, w_{BBB}, w_{CCC}, w_{AAB}, w_{ABB}, w_{BCC}, w_{BBC}, w_{CCA}, w_{CAA}, w_{ABC} の計10個の相互作用パラメータが用いられる．この場合の過剰混合ギブスエネルギーは次のように書き表される．

$$\Delta g_{ABC}^{ex} = x_A x_B (x_A w_{AAB} + x_B w_{ABB}) + x_B x_C (x_B w_{BBC} + x_C w_{BCC})$$
$$+ x_C x_A (x_C w_{CCA} + x_A w_{CAA}) + 2 x_A x_B x_C w_{ABC} \tag{3.40}$$

ここで，$x_C = 0$ とすると (3.39) 式の形の式が得られる．

(3.39) 式で表される2成分系の非対称正則溶液に対して，AおよびB成分の化学ポテンシャルは，それぞれ次のように表される．

$$\mu_A = \mu_A^\circ + RT \ln x_A + x_B^2 (2 x_A w_B + (1 - 2 x_A) w_A) \tag{3.41}$$

$$\mu_B = \mu_B^\circ + RT \ln x_B + x_A^2 (2 x_B w_A + (1 - 2 x_B) w_B) \tag{3.42}$$

$x_A \to 1\,(x_B \to 0)$ のとき，$RT \ln \gamma_A \to 0$ および $RT \ln \gamma_B \to w_B$ となる．逆に $x_A \to 0\,(x_B \to 1)$ のとき，$RT \ln \gamma_A \to w_A$ および $RT \ln \gamma_B \to 0$ となる．ここ

で，w_A は B 粒子からなる物質の中に A 粒子が入った場合に対応した相互作用パラメータであり，w_B は A 粒子からなる物質の中に B 粒子が入った場合に対応した相互作用パラメータと考えることができる．

非対称正則溶液に対しても，バイノーダル（ソルバス）はギブスエネルギー曲線に対する共通接線の接点から，また，スピノーダルはギブスエネルギー曲線の変曲点から求められる．

3.5 元素分配と地質温度計・圧力計

2つの元素 A および B を共通にする2種類の固溶体鉱物 $(\text{A},\text{B})_m\text{Q}$ および $(\text{A},\text{B})_n\text{R}$ の間には次の元素交換反応が生じる．

$$\frac{1}{m}\text{A}_m\text{Q} + \frac{1}{n}\text{B}_n\text{R} = \frac{1}{m}\text{B}_m\text{Q} + \frac{1}{n}\text{A}_n\text{R} \tag{3.43}$$

各端成分に対する化学ポテンシャルは次のように表すことができる．

$$\begin{aligned}\mu_{\text{A}_m\text{Q}} &= \mu^\circ_{\text{A}_m\text{Q}} + RT \ln a_{\text{A}_m\text{Q}} \\ &= \mu^\circ_{\text{A}_m\text{Q}} + mRT \ln x_{\text{A}_m\text{Q}} + mRT \ln \gamma_{\text{A}_m\text{Q}}\end{aligned} \tag{3.44}$$

$$\begin{aligned}\mu_{\text{A}_n\text{R}} &= \mu^\circ_{\text{A}_n\text{R}} + RT \ln a_{\text{A}_n\text{R}} \\ &= \mu^\circ_{\text{A}_n\text{R}} + nRT \ln x_{\text{A}_n\text{R}} + nRT \ln \gamma_{\text{A}_n\text{R}}\end{aligned} \tag{3.45}$$

ここで，$a_{\text{A}_m\text{Q}} = (\gamma_{\text{A}_m\text{Q}} x_{\text{A}_m\text{Q}})^m, a_{\text{A}_n\text{R}} = (\gamma_{\text{A}_n\text{R}} x_{\text{A}_n\text{R}})^n$ である．B_mQ および B_nR 成分に対しても同様に表すことができる．このとき，(3.43) 式の元素交換反応に対するギブスエネルギー変化は

$$\begin{aligned}\Delta G_\text{r} &= \frac{1}{m}\mu_{\text{B}_m\text{Q}} + \frac{1}{n}\mu_{\text{A}_n\text{R}} - \frac{1}{m}\mu_{\text{A}_m\text{Q}} - \frac{1}{n}\mu_{\text{B}_n\text{R}} \\ &= \Delta G^\circ_\text{r} + RT \ln \left(\frac{(a_{\text{B}_m\text{Q}})^{\frac{1}{m}}(a_{\text{A}_n\text{R}})^{\frac{1}{n}}}{(a_{\text{A}_m\text{Q}})^{\frac{1}{m}}(a_{\text{B}_n\text{R}})^{\frac{1}{n}}}\right) \\ &= \Delta G^\circ_\text{r} + RT \ln \left(\frac{x_{\text{B}_m\text{Q}} x_{\text{A}_n\text{R}}}{x_{\text{A}_m\text{Q}} x_{\text{B}_n\text{R}}}\right) + RT \ln \left(\frac{\gamma_{\text{B}_m\text{Q}} \gamma_{\text{A}_n\text{R}}}{\gamma_{\text{A}_m\text{Q}} \gamma_{\text{B}_n\text{R}}}\right)\end{aligned} \tag{3.46}$$

となる．ここで，

$$\Delta G^\circ_\text{r} = \frac{1}{m}\mu^\circ_{\text{B}_m\text{Q}} + \frac{1}{n}\mu^\circ_{\text{A}_n\text{R}} - \frac{1}{m}\mu^\circ_{\text{A}_m\text{Q}} - \frac{1}{n}\mu^\circ_{\text{B}_n\text{R}} \tag{3.47}$$

である.

$$K = \frac{(a_{B_mQ})^{\frac{1}{m}}(a_{A_nR})^{\frac{1}{n}}}{(a_{A_mQ})^{\frac{1}{m}}(a_{B_nR})^{\frac{1}{n}}}$$
$$= \frac{(\gamma_{B_mQ}x_{B_mQ})(\gamma_{A_nR}x_{A_nR})}{(\gamma_{A_mQ}x_{A_mQ})(\gamma_{B_nR}x_{B_nR})} \tag{3.48}$$

は平衡定数と呼ばれ,

$$K_D = \frac{x_{B_mQ}x_{A_nR}}{x_{A_mQ}x_{B_nR}} \tag{3.49}$$

は分配係数と呼ばれる.平衡において $\Delta G_r = 0$ であるので,

$$\begin{aligned}
\Delta G_r &= \Delta G_r^\circ + RT\ln K \\
&= \Delta G_r^\circ + RT\ln K_D + RT\ln\left(\frac{\gamma_{B_mQ}\gamma_{A_nR}}{\gamma_{A_mQ}\gamma_{B_nR}}\right) \\
&= 0
\end{aligned} \tag{3.50}$$

となり,よって,

$$RT\ln K_D = -\left(\Delta G_r^\circ + RT\ln\left(\frac{\gamma_{B_mQ}\gamma_{A_nR}}{\gamma_{A_mQ}\gamma_{B_nR}}\right)\right) \tag{3.51}$$

の関係式が導かれる.この関係式から分配係数の温度・圧力依存性を求めることができる.分配係数は,一般的には温度と圧力の関数となるため1つの元素交換反応に対する分配係数のみから生成温度および生成圧力を同時に求めることはできず,2つの異なった元素交換反応を組み合わせることによって生成温度および生成圧力の推定が可能となる.ただし,安定同位体の分配では体積変化を伴わない($\Delta V_r^\circ = 0$)ため圧力依存性がなく,1つの交換反応から単独で生成温度を求めることができる.

図3.4はザクロ石(garnet; Grt)と黒雲母(biotite; Bt)間における Mg と Fe^{2+} の分配を示している.Mg および Fe^{2+} が占める席は,ザクロ石と黒雲母のそれぞれにおいて同等であるとすると,その元素交換反応式は,$(Mg + Fe^{2+})$ 席1モルあたりを考えた場合,

$$\begin{aligned}
&\frac{1}{3}Fe_3Al_2Si_3O_{12}(\text{アルマンディン}) + \frac{1}{3}KMg_3AlSi_3O_{10}(OH)_2(\text{金雲母}) \\
&= \frac{1}{3}Mg_3Al_2Si_3O_{12}(\text{パイロープ}) + \frac{1}{3}KFe_3AlSi_3O_{10}(OH)_2(\text{アナイト})
\end{aligned} \tag{3.52}$$

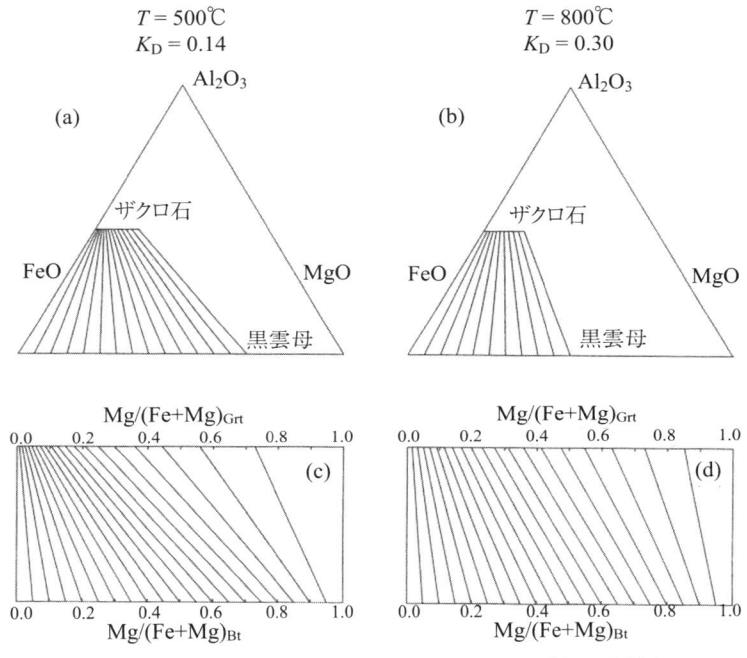

図 3.4 ザクロ石 (Grt) と黒雲母 (Bt) 間における Mg-Fe^{2+} の分配 (Spear, 1993)

と書き表される.これらの鉱物間における Mg と Fe^{2+} の分配係数は次式で表される.

$$K_D = \left(\frac{x_{Mg}^{Grt} x_{Fe}^{Bt}}{x_{Fe}^{Grt} x_{Mg}^{Bt}} \right) \tag{3.53}$$

2鉱物間における元素分配を図示する方法には幾つかの方法があるが,それらを図 3.5 に示す.図 3.5(a) は,

$$x_{Mg}^{Grt} = \frac{K_D \left(\frac{x_{Mg}^{Bt}}{1 - x_{Mg}^{Bt}} \right)}{\left(1 + K_D \left(\frac{x_{Mg}^{Bt}}{1 - x_{Mg}^{Bt}} \right) \right)} \tag{3.54}$$

の関係から求められる.図 3.5(b) では,

$$\frac{x_{Mg}^{Grt}}{x_{Fe}^{Grt}} = K_D \frac{x_{Mg}^{Bt}}{x_{Fe}^{Bt}} \tag{3.55}$$

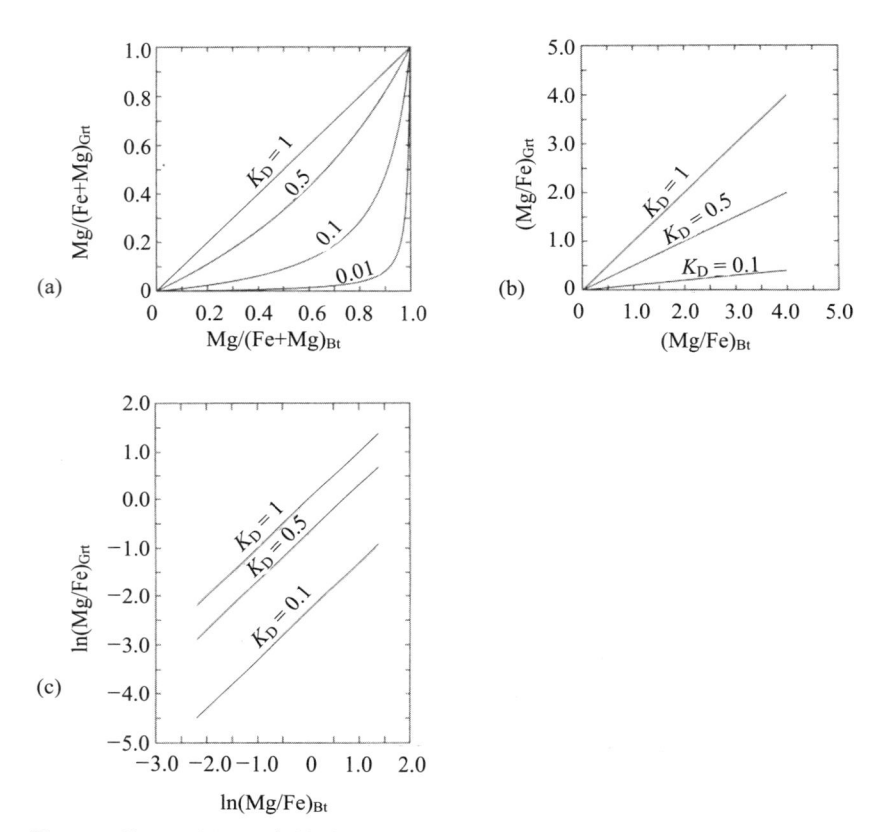

図 3.5 ザクロ石 (Grt) と黒雲母間 (Bt) における Mg - Fe^{2+} 分配の図示法 (Spear, 1993). (a)$(Mg/(Mg+Fe))_{Grt}$-$(Mg/(Mg+Fe))_{Bt}$ 図, (b) $(Mg/Fe)_{Grt}$-$(Mg/Fe)_{Bt}$ 図, (c) $\ln(Mg/Fe)_{Grt}$-$\ln(Mg/Fe)_{Bt}$ 図.

の関係が,そして,図 3.5(c) では

$$\ln\left(\frac{x_{Mg}^{Grt}}{x_{Fe}^{Grt}}\right) = \ln K_D + \ln\left(\frac{x_{Mg}^{Bt}}{x_{Fe}^{Bt}}\right) \tag{3.56}$$

の関係が示されている.

図 3.6 は,ザクロ石と黒雲母間における Mg と Fe^{2+} の分配係数と温度・圧力との関係を示した図であり,Ferry and Spear (1978) の実験データを基に,ザクロ石および黒雲母固溶体が理想固溶体であると仮定して作成されている.

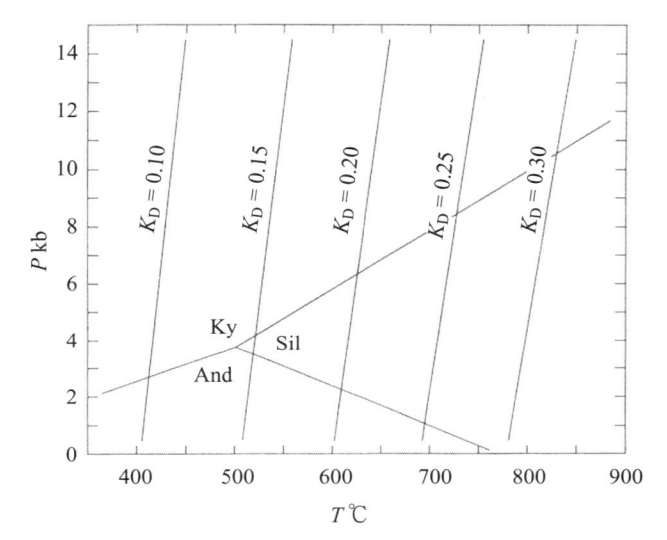

図 3.6 ザクロ石-黒雲母間における Mg - Fe^{2+} 分配係数（(3.53)式）と温度・圧力との関係 (Spear, 1993). Ky：藍晶石, And：紅柱石, Sil：珪線石.

3.6 多席固溶体

　ここまでに取り扱ってきた固溶体は，元素交換が1つの席においてのみ行なわれるものであったが，複数の席において元素交換が行なわれる鉱物が多く存在する．このように複数の席において元素交換が生じる固溶体を多席固溶体と呼ぶ．このような多席固溶体の例として，輝石，角閃石，スピネルなどが挙げられる．

　多席固溶体は大きく2つに分類され，各席で元素交換が独立に行なわれるものと，複数の席にまたがって元素交換が行なわれるものとに分けられる．前者は，結晶内元素交換反応を伴わない多席固溶体，後者は，結晶内元素交換反応を伴う多席固溶体と呼ばれる．ここでは，この2つに分けてその熱力学的取り扱い方の概略を解説する（坂野・松井，1979: Wood and Nicholls, 1978: 川嵜，2006）．

3.6.1　結晶内元素交換反応を伴わない多席固溶体

　正スピネルは，XY_2O_4 の化学組成式で表され，X 席は 4 配位で Mg^{2+}, Fe^{2+} などが入り，Y 席は 6 配位で Al^{3+}, Cr^{3+} などが入る．スピネルには，逆スピネル構

造をもつものが存在し，実際の元素交換は複雑であるが，4配位席と6配位席との間における元素交換が生じないとすると，正スピネルは結晶内元素交換反応を伴わない多席固溶体として取り扱うことができる．ここでは，結晶内元素交換反応を伴わない次の一般的な化学組成式で表される2席（I席，II席）固溶体を考える．

$$(A, B)_m^I (C, D)_n^{II} Z$$

この場合，次の4つの端成分を考えることができる．

$$A_m^I C_n^{II} Z, \quad A_m^I D_n^{II} Z, \quad B_m^I C_n^{II} Z, \quad B_m^I D_n^{II} Z$$

これらの端成分間には次の元素交換反応式を書くことができる．

$$A_m^I C_n^{II} Z + B_m^I D_n^{II} Z = B_m^I C_n^{II} Z + A_m^I D_n^{II} Z \tag{3.57}$$

I席とII席における過剰混合ギブスエネルギーが，それぞれ対称正則溶液に対する(3.26)式で表されるとした場合，このような多席固溶体の1モルあたりのギブスエネルギーは次のように書くことができる．

$$\begin{aligned}
g_{(A,B)_m^I(C,D)_n^{II}Z} &= x_A^I x_C^{II} \mu°_{A_mC_nZ} + x_A^I x_D^{II} \mu°_{A_mD_nZ} + x_B^I x_C^{II} \mu°_{B_mC_nZ} + x_B^I x_D^{II} \mu°_{B_mD_nZ} \\
&+ RT(m x_A^I \ln x_A^I + m x_B^I \ln x_B^I + n x_C^{II} \ln x_C^{II} + n x_D^{II} \ln x_D^{II}) \\
&+ m w^I x_A^I x_B^I + n w^{II} x_C^{II} x_D^{II}
\end{aligned} \tag{3.58}$$

ここで，w^I と w^{II} は，それぞれI席とII席における相互作用パラメータであり，次のように定義される．

$$w^I = w_{AB}^I - \frac{1}{2}(w_{AA}^I + w_{BB}^I) \tag{3.59}$$

$$w^{II} = w_{CD}^{II} - \frac{1}{2}(w_{CC}^{II} + w_{DD}^{II}) \tag{3.60}$$

この場合，各端成分の化学ポテンシャルは次のように書き表される．

$$\begin{aligned}
\mu_{A_mC_nZ} &= \mu°_{A_mC_nZ} + RT \ln((x_A^I)^m (x_C^{II})^n) \\
&+ m(x_B^I)^2 w^I + n(x_D^{II})^2 w^{II} + x_B^I x_D^{II} \delta
\end{aligned} \tag{3.61}$$

$$\mu_{\mathrm{A}_m\mathrm{D}_n\mathrm{Z}} = \mu^{\circ}_{\mathrm{A}_m\mathrm{D}_n\mathrm{Z}} + RT\ln((x_\mathrm{A}^{\mathrm{I}})^m(x_\mathrm{D}^{\mathrm{II}})^n)$$
$$+ m(x_\mathrm{B}^{\mathrm{I}})^2 w^{\mathrm{I}} + n(x_\mathrm{C}^{\mathrm{II}})^2 w^{\mathrm{II}} - x_\mathrm{B}^{\mathrm{I}} x_\mathrm{C}^{\mathrm{II}} \delta \qquad (3.62)$$

$$\mu_{\mathrm{B}_m\mathrm{C}_n\mathrm{Z}} = \mu^{\circ}_{\mathrm{B}_m\mathrm{C}_n\mathrm{Z}} + RT\ln((x_\mathrm{B}^{\mathrm{I}})^m(x_\mathrm{C}^{\mathrm{II}})^n)$$
$$+ m(x_\mathrm{A}^{\mathrm{I}})^2 w^{\mathrm{I}} + n(x_\mathrm{D}^{\mathrm{II}})^2 w^{\mathrm{II}} - x_\mathrm{A}^{\mathrm{I}} x_\mathrm{D}^{\mathrm{II}} \delta \qquad (3.63)$$

$$\mu_{\mathrm{B}_m\mathrm{D}_n\mathrm{Z}} = \mu^{\circ}_{\mathrm{B}_m\mathrm{D}_n\mathrm{Z}} + RT\ln((x_\mathrm{B}^{\mathrm{I}})^m(x_\mathrm{D}^{\mathrm{II}})^n)$$
$$+ m(x_\mathrm{A}^{\mathrm{I}})^2 w^{\mathrm{I}} + n(x_\mathrm{C}^{\mathrm{II}})^2 w^{\mathrm{II}} + x_\mathrm{A}^{\mathrm{I}} x_\mathrm{C}^{\mathrm{II}} \delta \qquad (3.64)$$

ここで,
$$\delta = (\mu^{\circ}_{\mathrm{A}_m\mathrm{D}_n\mathrm{Z}} + \mu^{\circ}_{\mathrm{B}_m\mathrm{C}_n\mathrm{Z}}) - (\mu^{\circ}_{\mathrm{A}_m\mathrm{C}_n\mathrm{Z}} + \mu^{\circ}_{\mathrm{B}_m\mathrm{D}_n\mathrm{Z}}) \qquad (3.65)$$

である.δ は相反エネルギーと呼ばれる.I席とII席を占める異種元素の間に過剰相互作用がない場合には $\delta = 0$ となり,また,I席およびII席それぞれの席における元素交換に過剰相互作用がない場合には $w^{\mathrm{I}} = w^{\mathrm{II}} = 0$ となる.たとえ $w^{\mathrm{I}} = w^{\mathrm{II}} = 0$ であっても,$\delta = 0$ でなければ,多席固溶体は全体として非理想性を示すことになる.

3.6.2 結晶内元素交換反応を伴う多席固溶体

前節では,2つの異なった席に入る元素が互いに異なる場合を取り扱った.ここでは,2つの席において同じ元素が交換する場合を取り扱う.斜方輝石やカミングトン閃石がその典型的な例である.ここでは,斜方輝石を例として取りあげる.

斜方輝石は,次の化学組成式で表される.

$$(\mathrm{Mg, Fe}^{2+})^{\mathrm{M2}}(\mathrm{Mg, Fe}^{2+})^{\mathrm{M1}}\mathrm{Z}$$

ここで,Z は $\mathrm{Si}_2\mathrm{O}_6$ を表す.斜方輝石には,M1席とM2席があり,M2席はM1席と比べてやや大きく,相対的にイオン半径の大きな Fe^{2+} がM2席に濃集する傾向が見られる.この場合も,前節の結晶内元素交換反応を伴わない多席固溶体と同様に次の4つの端成分を考えることができる.

$$\mathrm{Mg^{M2}Mg^{M1}Z}, \quad \mathrm{Mg^{M2}Fe^{M1}Z}, \quad \mathrm{Fe^{M2}Mg^{M1}Z}, \quad \mathrm{Fe^{M2}Fe^{M1}Z}$$

M1席とM2席における過剰混合ギブスエネルギーが，それぞれ対称正則溶液に対する(3.26)式で表されるとすると，斜方輝石固溶体の1モルあたりのギブスエネルギーは(3.58)式と同様に次のように書くことができる．

$g_{(\mathrm{Mg,Fe})^{\mathrm{M2}}(\mathrm{Mg,Fe})^{\mathrm{M1}}\mathrm{Z}} =$

$$x_{\mathrm{Mg}}^{\mathrm{M2}} x_{\mathrm{Mg}}^{\mathrm{M1}} \mu_{\mathrm{MgMgZ}}^{\circ} + x_{\mathrm{Mg}}^{\mathrm{M2}} x_{\mathrm{Fe}}^{\mathrm{M1}} \mu_{\mathrm{MgFeZ}}^{\circ} + x_{\mathrm{Fe}}^{\mathrm{M2}} x_{\mathrm{Mg}}^{\mathrm{M1}} \mu_{\mathrm{FeMgZ}}^{\circ} + x_{\mathrm{Fe}}^{\mathrm{M2}} x_{\mathrm{Fe}}^{\mathrm{M1}} \mu_{\mathrm{FeFeZ}}^{\circ}$$
$$+ RT(x_{\mathrm{Mg}}^{\mathrm{M1}} \ln x_{\mathrm{Mg}}^{\mathrm{M1}} + x_{\mathrm{Fe}}^{\mathrm{M1}} \ln x_{\mathrm{Fe}}^{\mathrm{M1}} + x_{\mathrm{Mg}}^{\mathrm{M2}} \ln x_{\mathrm{Mg}}^{\mathrm{M2}} + x_{\mathrm{Fe}}^{\mathrm{M2}} \ln x_{\mathrm{Fe}}^{\mathrm{M2}})$$
$$+ w^{\mathrm{M1}} x_{\mathrm{Mg}}^{\mathrm{M1}} x_{\mathrm{Fe}}^{\mathrm{M1}} + w^{\mathrm{M2}} x_{\mathrm{Mg}}^{\mathrm{M2}} x_{\mathrm{Fe}}^{\mathrm{M2}} \tag{3.66}$$

ここで，w^{M1} と w^{M2} は，それぞれM1席とM2席における相互作用パラメータであり，次のように定義される．

$$w^{\mathrm{M1}} = w_{\mathrm{MgFe}}^{\mathrm{M1}} - \frac{1}{2}(w_{\mathrm{MgMg}}^{\mathrm{M1}} + w_{\mathrm{FeFe}}^{\mathrm{M1}}) \tag{3.67}$$

$$w^{\mathrm{M2}} = w_{\mathrm{MgFe}}^{\mathrm{M2}} - \frac{1}{2}(w_{\mathrm{MgMg}}^{\mathrm{M2}} + w_{\mathrm{FeFe}}^{\mathrm{M2}}) \tag{3.68}$$

上記の4つの端成分に対する化学ポテンシャルは次のように書き表される

$$\mu_{\mathrm{MgMgZ}} = \mu_{\mathrm{MgMgZ}}^{\circ} + RT \ln(x_{\mathrm{Mg}}^{\mathrm{M2}} x_{\mathrm{Mg}}^{\mathrm{M1}})$$
$$+ (x_{\mathrm{Fe}}^{\mathrm{M2}})^2 w^{\mathrm{M2}} + (x_{\mathrm{Fe}}^{\mathrm{M1}})^2 w^{\mathrm{M1}} + x_{\mathrm{Fe}}^{\mathrm{M2}} x_{\mathrm{Fe}}^{\mathrm{M1}} \delta \tag{3.69}$$

$$\mu_{\mathrm{MgFeZ}} = \mu_{\mathrm{MgFeZ}}^{\circ} + RT \ln(x_{\mathrm{Mg}}^{\mathrm{M2}} x_{\mathrm{Fe}}^{\mathrm{M1}})$$
$$+ (x_{\mathrm{Fe}}^{\mathrm{M2}})^2 w^{\mathrm{M2}} + (x_{\mathrm{Mg}}^{\mathrm{M1}})^2 w^{\mathrm{M1}} - x_{\mathrm{Fe}}^{\mathrm{M2}} x_{\mathrm{Mg}}^{\mathrm{M1}} \delta \tag{3.70}$$

$$\mu_{\mathrm{FeMgZ}} = \mu_{\mathrm{FeMgZ}}^{\circ} + RT \ln(x_{\mathrm{Fe}}^{\mathrm{M2}} x_{\mathrm{Mg}}^{\mathrm{M1}})$$
$$+ (x_{\mathrm{Mg}}^{\mathrm{M2}})^2 w^{\mathrm{M2}} + (x_{\mathrm{Fe}}^{\mathrm{M1}})^2 w^{\mathrm{M1}} - x_{\mathrm{Mg}}^{\mathrm{M2}} x_{\mathrm{Fe}}^{\mathrm{M1}} \delta \tag{3.71}$$

$$\mu_{\mathrm{FeFeZ}} = \mu_{\mathrm{FeFeZ}}^{\circ} + RT \ln(x_{\mathrm{Fe}}^{\mathrm{M2}} x_{\mathrm{Fe}}^{\mathrm{M1}})$$
$$+ (x_{\mathrm{Mg}}^{\mathrm{M2}})^2 w^{\mathrm{M2}} + (x_{\mathrm{Mg}}^{\mathrm{M1}})^2 w^{\mathrm{M1}} + x_{\mathrm{Mg}}^{\mathrm{M2}} x_{\mathrm{Mg}}^{\mathrm{M1}} \delta \tag{3.72}$$

ここで，

$$\delta = (\mu_{\mathrm{MgFeZ}}^{\circ} + \mu_{\mathrm{FeMgZ}}^{\circ}) - (\mu_{\mathrm{MgMgZ}}^{\circ} + \mu_{\mathrm{FeFeZ}}^{\circ}) \tag{3.73}$$

である．結晶内分配係数 K_D は次のように定義される．

$$K_D = \frac{x_{Mg}^{M2} x_{Fe}^{M1}}{x_{Fe}^{M2} x_{Mg}^{M1}} \tag{3.74}$$

平衡において，端成分を構成する各成分の化学ポテンシャルが等しくなることから次の関係式が成り立つ．

$$\mu_{FeMgZ} = \mu_{MgFeZ} \tag{3.75}$$

M1 席および M2 席内における $Mg - Fe^{2+}$ 交換において過剰相互作用がないとすると，(3.70) 式および (3.71) 式を (3.75) 式に代入して

$$RT \ln \frac{x_{Mg}^{M2} x_{Fe}^{M1}}{x_{Fe}^{M2} x_{Mg}^{M1}} = \mu_{FeMgZ}^{\circ} - \mu_{MgFeZ}^{\circ} + (x_{Fe}^{M2} - x_{Fe}^{M1})\delta \tag{3.76}$$

の関係式が導かれる．このことから，M1 席および M2 席内における Mg - Fe^{2+} 交換に過剰相互作用がなくても，結晶内元素交換反応における過剰相互作用 δ のために，結晶内分配係数 K_D は，組成依存性を示すことになる．$\delta = 0$ の場合の

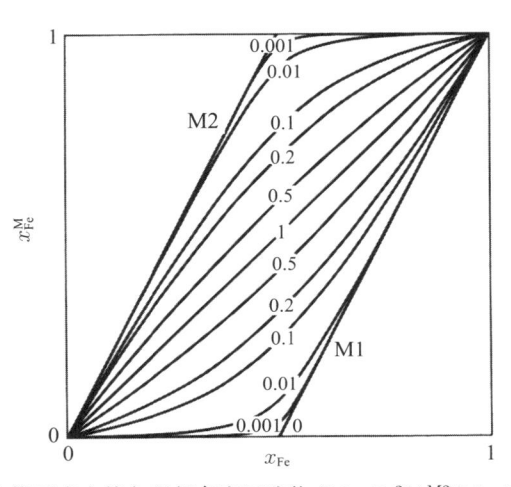

図 3.7　結晶元素交換反応を伴う理想多席固溶体 $(Mg, Fe^{2+})^{M2}(Mg, Fe^{2+})^{M1}Z$ における x_{Fe} と x_{Fe}^{M1} および x_{Fe} と x_{Fe}^{M2} との関係（川嵜, 1996）．図中の数値は結晶内分配係数 K_D（(3.74) 式）を示す．$K_D = 1$ の場合は完全無秩序状態を，$K_D = 0$ の場合は完全秩序状態を表す．

み，結晶内分配係数 K_D は一定となる．このような多席固溶体は理想多席固溶体と呼ばれる．

斜方輝石全体における Fe^{2+} のモル分率を x_{Fe} とすると，

$$x_{Mg}^{M2} = 1 - x_{Fe}^{M2} \tag{3.77}$$

$$x_{Fe}^{M1} = 2x_{Fe} - x_{Fe}^{M2} \tag{3.78}$$

$$x_{Mg}^{M1} = 1 - 2x_{Fe} + x_{Fe}^{M2} \tag{3.79}$$

の関係が成り立つ．これらの関係式と (3.74) 式から次の関係式が導かれる (Obata $et\ al.$, 1974).

$$x_{Fe}^{M2} = x_{Fe} - \frac{1}{2}\rho - \left(\frac{1}{4}\rho^2 + (x_{Fe})^2 - x_{Fe}\right)^{0.5} \tag{3.80}$$

$$x_{Fe}^{M1} = x_{Fe} + \frac{1}{2}\rho + \left(\frac{1}{4}\rho^2 + (x_{Fe})^2 - x_{Fe}\right)^{0.5} \tag{3.81}$$

x_{Fe} と x_{Fe}^{M1} および x_{Fe}^{M2} との関係を図 3.7 に示す．ここで，

$$\rho = \frac{K_D + 1}{K_D - 1} \tag{3.82}$$

である．

第4章

鉱物共生の熱力学

4.1 ギブスの相律

　系を記述する上で必要最小限の成分を独立成分という．この独立成分の数 C, 平衡に共存する相の数 φ および相の数を変えることなく自由に変化させることのできる示強変数の数である自由度 F との間に次の関係が成り立つ．

$$F = C + 2 - \varphi \tag{4.1}$$

これはギブスの相律と呼ばれ，次のように求められる．

　この系には次の $2+C\varphi$ 個の示強変数が存在する．

$$T, P, x_1^1, x_2^1, \cdots, x_C^1, x_1^2, x_2^2, \cdots, x_C^2, \cdots, x_1^\varphi, x_2^\varphi, \cdots, x_C^\varphi$$

ここで，x_j^i は i 相中の j 成分のモル分率を示す．これらの示強変数の間には，各相のモル分率に関して次の φ 個の関係が成り立つ．

$$\sum_{j=1}^{C} x_j^i = 1 \tag{4.2}$$

また，平衡において各相を構成する j 成分の化学ポテンシャルが等しくなることから次の $C(\varphi-1)$ 個の関係が成り立つ．

$$\mu_j^1 = \mu_j^2 = \mu_j^3 = \cdots = \mu_j^\varphi \qquad (j=1\sim C) \tag{4.3}$$

上記の制約から相の数を変えることなくある範囲内で自由に変えられる示強変数の数 F は

$$F = (2 + C\varphi) - \varphi - C(\varphi - 1)$$

$$= C + 2 - \varphi$$

となり，(4.1)式が得られる.

各成分が，系内においてその量が一定に保たれる固定性成分であるとした場合，一般的には，系が平衡状態にあれば，各成分の化学ポテンシャルは一定の値に決まる．例えば，3固定性成分系の場合，平衡状態において図4.1に示すように，一般的には3相が共存する．この3相をA, B, Cとし，3成分をa, b, cとすると，各相のギブスエネルギーと各成分の化学ポテンシャルとの間には平衡において，次の関係が成り立つ.

$$G^{A} = n_{a}^{A}\mu_{a} + n_{b}^{A}\mu_{b} + n_{c}^{A}\mu_{c}$$
$$G^{B} = n_{a}^{B}\mu_{a} + n_{b}^{B}\mu_{b} + n_{c}^{B}\mu_{c}$$
$$G^{C} = n_{a}^{C}\mu_{a} + n_{b}^{C}\mu_{b} + n_{c}^{C}\mu_{c}$$

ここで，G^{j}は，j相のギブスエネルギー，n_{i}^{j}はj相を構成するi成分のモル数，μ_{i}はi成分の化学ポテンシャルである．温度・圧力が決まるとG^{j}は一定になり，上記3式の連立方程式から各成分の化学ポテンシャルは一定の値になる．3固定性成分系以外の系においても，一般的に平衡において，固定性成分の数に等しい数の相が共存し，各成分の化学ポテンシャルは一定の値になる．この系の示強変

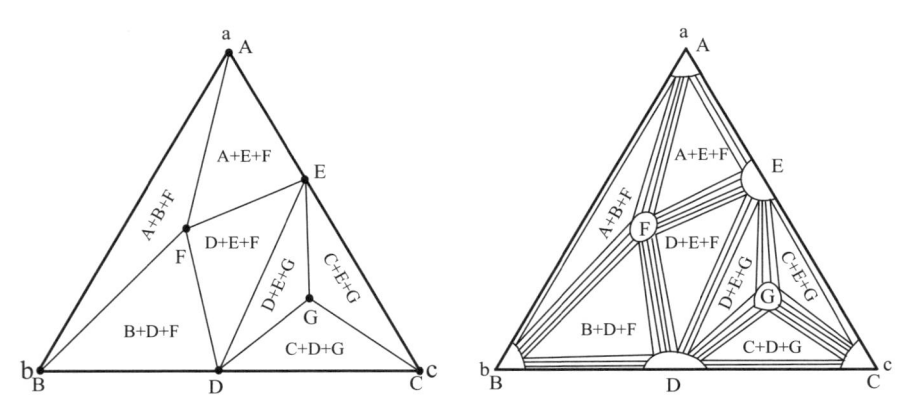

図4.1 3固定性成分からなる系に対する組成－共生図．左：鉱物が固溶体を形成しない場合，右：鉱物が固溶体を形成する場合．

数は，温度，圧力に加えて，各固定性成分の化学ポテンシャルであると考えることができることから，この場合，平衡において，相の数を変えることなくある範囲内で自由に変化させることのできる示強変数は温度と圧力だけになる．この2つの示強変数を軸にとった温度-圧力図において，$F=0$ を満たすところは点で表され，この点は不変点と呼ばれる．$F=0$ の場合，$\varphi = C+2$ となることから，不変点では $C+2$ 相が共存する．$F=1$ を満たすところは線となり，これは一変線（平衡曲線，反応曲線）と呼ばれ，$C+1$ 相が共存する．不変点からは $C+2$ 相から $C+1$ 相を取り出す組み合わせの数（$_{C+2}C_{C+1} = C+2$）に対応する $C+2$ 本の一変線が射出する．このような不変点から射出する一変線群はシュライネマーカースの束（束線）と呼ばれる．$F=2$ を満たすところは一変線で囲まれた領域であり，C 相以下の物質が共存する領域である．

1 固定性成分からなる系の場合，温度-圧力図上の不変点では3相が共存することから，1成分系の不変点は三重点とも呼ばれる．一変線上では2相が共存しており，不変点からは3本の一変線が射出する．一変線で囲まれた領域は自由度2となり，1相のみが安定となる．

2 固定性成分からなる系の場合，温度-圧力図上の不変点では4相が共存し，不変点からは4本の一変線が射出する．一変線上では3相が共存しており，一変線の反応式は，

$$a\mathrm{A} + b\mathrm{B} = c\mathrm{C} \tag{4.4}$$

の形で表される．ここで，A, B, C は反応に関与した物質であり，a, b, c はその化学量論係数である．自由度2の領域では2相以下の物質が共存しており，相の共生関係は2成分を端成分とした直線で表される．

3 固定性成分からなる系の場合，温度-圧力図上の不変点では5相が共存し，不変点からは5本の一変線が射出する（図4.2）．一変線上では4相が共存しており，一変線の反応式には，

$$a\mathrm{A} + b\mathrm{B} + c\mathrm{C} = d\mathrm{D} \tag{4.5}$$

および

$$a\mathrm{A} + b\mathrm{B} = c\mathrm{C} + d\mathrm{D} \tag{4.6}$$

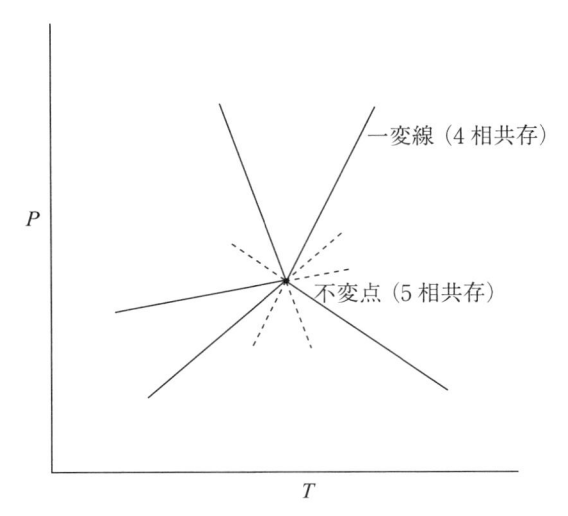

図 4.2 3 固定性成分からなる系に対する不変点と一変線の関係を示す P-T 図

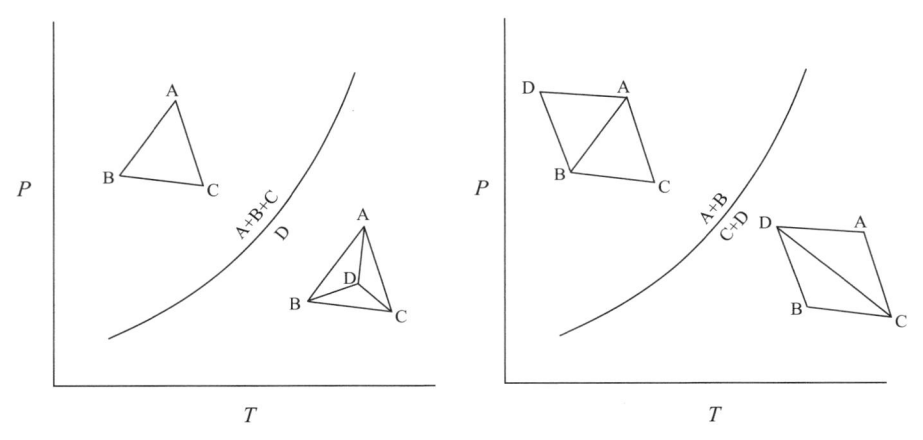

図 4.3 3 固定性成分からなる系における平衡曲線の種類と鉱物の幾何学的配置との関係

の2種類が存在する（図4.3）．前者は，3相が反応して新たに1相が生じるか，あるいは，1相がそれを取り囲む3相に分解する反応であり，組成–共生図において，DはA-B-Cの描く三角形の内側に位置している．後者の場合は，4相が四角形の頂点に位置し，四角形の2本の対角線が互いに入れ替わる反応である．自

由度2の領域では3相以下の物質が共存しており，相の共生関係は3成分を端成分とした三角形（組成–共生図）で表される（図4.1）.

4固定性成分からなる系の場合，温度–圧力図上の不変点では6相が共存し，不変点からは6本の一変線が射出する．一変線上では5相が共存し，一変線の反応式には，

$$a\mathrm{A} + b\mathrm{B} + c\mathrm{C} + d\mathrm{D} = e\mathrm{E} \tag{4.7}$$

および

$$a\mathrm{A} + b\mathrm{B} + c\mathrm{C} = d\mathrm{D} + e\mathrm{E} \tag{4.8}$$

の2種類が存在する．前者は，4相が反応して新たに1相が生じるか，あるいは，1相がそれを取り囲む4相に分解する反応であり，組成–共生図において，EはA–B–C–Dの描く四面体の内側に存在する．後者は，1つの面（A–B–C）を共有する2つの四面体（A–B–C–DおよびA–B–C–E）において，共有する三角形の面A–B–Cを2つの四面体の頂点DおよびEを結ぶ線D–Eが切るか，あるいは，その逆の反応である．自由度2の領域では4相以下の物質が共存しており，相の共生関係は4成分を端成分とした四面体で表される．

4.2 鉱物学的相律

ある温度・圧力条件下におかれた系に適用される相律が，次のゴールドシュミットの鉱物学的相律である．

$$F_\mathrm{G} = F - 2 = (C + 2 - \varphi) - 2 = C - \varphi \tag{4.9}$$

示強変数である温度および圧力の2つが外界から規定されるため自由度は2つ小さくなる．一般的に，このような条件下で平衡に共存しうる鉱物の最大数はC相となる．

系を構成する成分は，その量が系内で一定に保たれる固定性成分C_i (i: inert component) とその化学ポテンシャルが外界から決められる完全移動性成分C_m (m: mobile component) とに分けられる．

$$C = C_\mathrm{i} + C_\mathrm{m} \tag{4.10}$$

一般的に H_2O や CO_2 などの気体は完全移動性成分として取り扱われる．また，水に溶けやすい成分も完全移動性成分として挙動しうる．

温度および圧力が外界から規定されるとともに，完全移動性成分の化学ポテンシャルが外界から決められる系に対しては，次のコルジンスキーの鉱物学的相律が成り立つ．

$$F_K = F - 2 - C_m = (C + 2 - \varphi) - 2 - C_m = C_i - \varphi \tag{4.11}$$

一般的に，このような条件下で共存しうる鉱物の最大数は固定性成分の数である C_i 相となる．

4.3　岩石構成成分の熱力学的取り扱い

岩石を構成する主要な成分として，SiO_2, TiO_2, Al_2O_3, Fe_2O_3, MgO, FeO, MnO, CaO, Na_2O, K_2O, P_2O_5, H_2O, CO_2 の13成分が挙げられる．これらの内，流体（気体，液体，超臨界流体）として存在する H_2O および CO_2 は移動しやすい成分であり，多くの場合，完全移動性成分として取り扱われる．それ以外の11成分は固定性成分として取り扱われることが多い．この場合，(4.11) 式のコルジンスキーの鉱物学的相律より一般的には最大11相の鉱物が共存しうることになる．しかしながら，11相の鉱物共生関係を図に表すことは不可能である．そこで，これら11成分を次のように取り扱うことにより図示される固定性成分の数を少なくする工夫がなされている．

11の固定性成分は，次のように5つに分類される．
(1) 微量成分：含有量がわずかで，その成分が存在することにより新たな鉱物の出現の原因とならない成分であり，固溶体鉱物などにおいて置換成分として微量に含まれる成分．
(2) 同形置換成分：固溶体鉱物において主成分の1つとして同形置換する成分であり，他の同形置換成分と一括して，1つの成分（規定固定性成分）とみなされる成分．
(3) 無関与成分：系のすべての鉱物組み合わせと共存しうる鉱物が，その成分だけで1つの鉱物を形成するか，あるいは，他の成分と結合して1つの鉱物を形成

し，その他の鉱物にはほとんど含まれず，他の鉱物の共生関係に影響を及ぼさない成分．

(4) 過剰成分：系のすべての鉱物組み合わせと共存しうる鉱物が，その成分だけでできているか，あるいは，完全移動性成分とからなる成分であり，同時に，他の鉱物の重要な構成成分でもある成分．

(5) 規定固定性成分：上記 (1)～(4) に該当しない成分で，これらの成分によって系の主たる鉱物組み合わせが決定される．

　コルジンスキーの鉱物学的相律が成り立つ条件下において出現しうる鉱物の最大数は，規定固定性成分＋過剰成分＋無関与成分の数に等しくなり，微量成分，同形置換成分および完全移動性成分の数には関係しない．

　鉱物共生関係を図として表示するための工夫の1つがACF図である（図4.4）．ACF図では，MnOを微量成分，Fe_2O_3，FeO，K_2Oを，それぞれAl_2O_3，MgO，Na_2Oに対する同形置換成分，TiO_2（主としてルチル(TiO_2)，イルメナイト($FeTiO_3$)，あるいは，チタン石($CaTiSiO_5$)として存在）およびP_2O_5（主として燐灰石 $Ca_5(PO_4)_3(OH)$として存在）を無関与成分，そして，SiO_2を過剰成分とすることにより，$Al_2O_3(+Fe_2O_3)$，CaO，$Na_2O(+K_2O)$，MgO(+FeO)を規定固

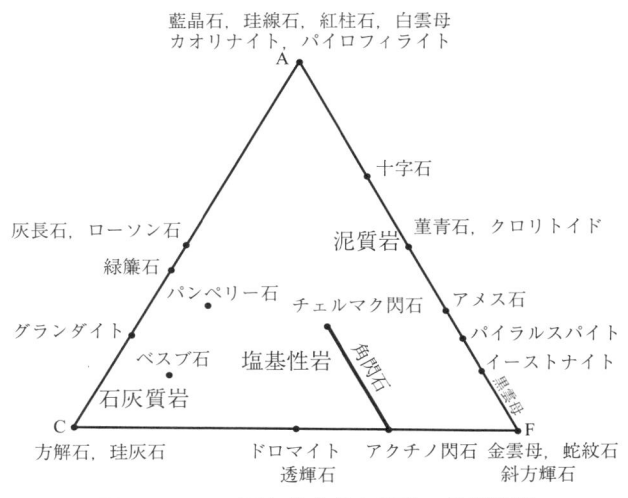

図4.4　ACF図と代表的な鉱物の位置関係

定性成分とし，最終的にA(Al_2O_3 + Fe_2O_3–Na_2O–K_2O)，C(CaO)，F(MgO + FeO)の3成分を三角形の頂点にとり，鉱物の共生関係が図示される．A(Al_2O_3 + Fe_2O_3–Na_2O–K_2O)は，Na_2O + K_2Oがアルカリ長石として存在しているか，あるいは，条件によっては存在する可能性のあることを示し，アルカリ長石以外の鉱物として存在している(Al_2O_3 + Fe_2O_3)成分を表す．すなわち，ACF図では，この図上において示される共生鉱物の他に，石英，アルカリ長石（条件による），TiO_2を含有する鉱物1相およびP_2O_5を含有する鉱物1相が共存していることになる．

4.4 組成–化学ポテンシャル図

ここでは，2成分系を例として，組成–化学ポテンシャル図について考える．図4.5は，ある温度・圧力条件下におけるaおよびb成分からなる2成分系の組成–化学ポテンシャル図の一例である．この図では，a成分からなる鉱物Aとb成分からなる鉱物Bとの間に2成分系の鉱物C, D, Eが安定に存在することを示して

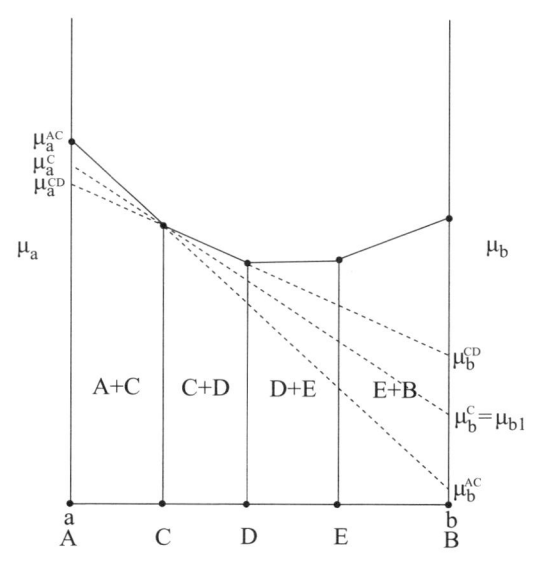

図4.5 aおよびb成分からなる2成分系に対する組成–化学ポテンシャル図

いる．この場合，A-C-D-E-Bを結ぶ線は，下に凸の線となる．上に凸の部分がある場合には，凸の部分に位置する鉱物は不安定になり，エネルギー的に低いその両側の鉱物組み合わせに分解する．

a成分およびb成分ともに固定性成分である場合，ゴールドシュミットの鉱物学的相律より，任意の組成において一般的には2相の鉱物が共存することになる．すなわち，A-C, C-D, D-E, E-Bの鉱物組み合わせのいずれかが出現する．それに対し，a成分が固定性成分のままで，b成分が完全移動性成分になった場合，コルジンスキーの鉱物学的相律より，一般的には1相のみが出現することになる．b成分が完全移動性成分であることから，b成分の化学ポテンシャルは外界から決められる．例えば，b成分の化学ポテンシャルをμ_{b1}とした場合，μ_{b1}を通る直線がギブスエネルギー曲線A-C-D-E-Bと接する場所が鉱物Cの位置であることから，この場合，鉱物Cの1相のみが出現することになる．このように1つの成分が固定性成分から完全移動性成分に変化することにより共存する鉱物の数は1つ減少する．b成分の化学ポテンシャルが増加し，μ_b^{CD}と一致した場合，あるいは，減少してμ_b^{AC}と一致した特殊な場合には，それぞれC+Dの2相，A+Cの2相が共存する．

4.5 負の自由度と多束線図

C個の固定性成分からなる系の温度-圧力図において，自由度0の不変点では，$C+2$相の鉱物が共存する．もし，この系において出現しうるすべての鉱物の数が$C+3$相であるとした場合，$C+3$相共存時には自由度は$F=-1$となり，負の自由度をもつことになる．このように負の自由度をもつ系は複合系と呼ばれる．実際には$C+3$相は共存しえないので，この場合，$C+2$相が共存する不変点が$C+3$個（$C+3$相から$C+2$相を選び出す組み合わせの数：${}_{C+3}\mathrm{C}_{C+2}=C+3$）存在することになる．$C+4$相が係る自由度$-2$をもつ複合系の場合，${}_{C+4}\mathrm{C}_{C+2}$個の不変点が存在することになる．

例えば，3固定性成分からなる系で6相の鉱物 (A, B, C, D, E, F) が係る自由度-1をもつ複合系 ($F=C+2-\varphi=3+2-6=-1$) を考える（図4.6）．この系では，${}_6\mathrm{C}_5=6$個の不変点が存在し，それぞれの不変点からは5本の一変線が

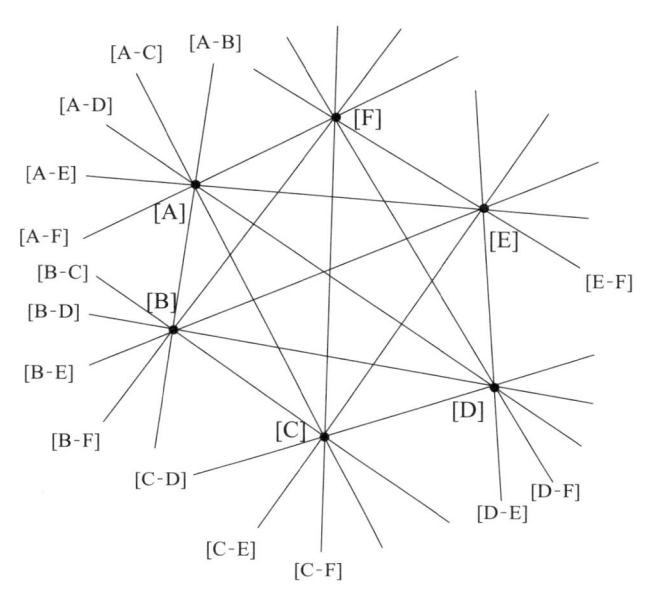

図 4.6 3 固定性成分からなる系で 6 鉱物 (A, B, C, D, E, F) が関与した自由度 −1 をもつ複合系に対する多束線図の例. 一変線は一般的には曲線となるが, ここでは便宜的に直線として表している. 括弧内は, 不変点あるいは一変線に関与しない鉱物を示す.

射出しており, 計 30 本の一変線が存在するように思われる. しかし, 相律によれば, 自由度 1 の一変線では 4 相が共存することから一変線の数は, 6 相から 4 相を選び出す組み合わせの数に対応する $_6C_4 = 15$ 本となる. 1 つの不変点から射出する一変線は必ずもう 1 つの不変点を通り, この 2 つの不変点を通る 2 本の一変線は同じものであることから, 一変線の数は 30 本ではなくその半分の 15 本になる. 図 4.6 において, A を含まない不変点 [A] と B を含まない不変点 [B] を考える. 不変点 [A] では B, C, D, E, F の 5 相が共存し, 不変点 [B] では A, C, D, E, F の 5 相が共存する. 不変点 [A] からは B, C, D, E, F のうちの 1 つを含まない 5 本の一変線 [A–B], [A–C], [A–D], [A–E], [A–F] が射出する. 他方, 不変点 [B] からは A, C, D, E, F のうちの 1 つを含まない 5 本の一変線 [A–B], [B–C], [B–D], [B–E], [B–F] が射出し, 一変線 [A–B] が共通になる. 同様に, すべての一変線は 2 つの不変点を通ることになる.

3固定性成分からなる系で7相の鉱物が係る自由度 -2 をもつ複合系では，不変点の数は $_7C_5 = 21$ 個，一変線の数は $_7C_4 = 35$ 本となる．各不変点からは5本の一変線が射出しており，一変線の数は単純計算では計105本となるが，各一変線は3つの不変点を通り，この3つの不変点を通る一変線は互いに一致することから，最終的に一変線の数は $105/3 = 35$ 本となる．このように，関与する鉱物の数が1つ増えるに従い，一変線は1つ多くの不変点を通ることになる．

このようにして求められた一変線群の描かれた図を多束線図という．多束線図では，$C + 2$ 本の一変線がそれぞれの不変点を通って描かれる．しかしながら，4.7節および4.8節で述べられるように，それぞれの一変線は不変点の両側において安定とはならず，不変点に対して片側でのみ安定になり，反対側では準安定となる．負の自由度をもつ複合系においては，1つの一変線は複数の不変点を通るが，各一変線の安定領域は，その一変線が通過するすべての不変点に対する安定関係から決定される．すなわち，すべての安定条件を満たす領域においてのみ

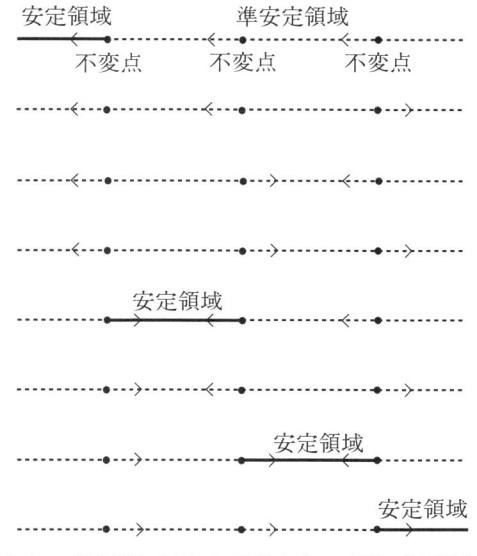

図 4.7 自由度 -2 をもつ複合系に対する不変点と一変線（平衡曲線）の安定関係．矢印は各不変点における一変線の安定方向を示し，最終的には，一変線上の3つの不変点におけるすべての安定条件を満たす領域が安定になる．

が安定となる．たとえば，自由度 -2 をもつ複合系における一変線の安定領域は，図4.7に示すように一変線上の3つの不変点における安定関係に基づいて $2^3 = 8$ 通りのパターンが考えられる．

4.6 完全移動性成分の関与した系に対する熱力学ポテンシャル

閉鎖系に対してギブスエネルギーの全微分は

$$dG = -SdT + VdP \tag{1.10}$$

と表される．物質移動を伴う開放系では，各成分のモル数の増減に伴ってギブスエネルギーも増減し，このような系に対するギブスエネルギーの全微分は次のように表される．

$$dG = -SdT + VdP + \sum_{i=a}^{k} \mu_i dn_i \tag{4.12}$$

この式において，温度・圧力に加え各成分 (a～k) のモル数が独立変数となり，(4.12)式のギブスエネルギーは，温度，圧力および各成分のモル数が一定である条件下での化学平衡を取り扱う場合に有効な熱力学ポテンシャルであり，すべての成分 (a～k) は固定性成分とみなされる．これに対して，幾つかの成分が固定性成分から完全移動性成分になった場合，ルジャンドル変換（第1章1.2節）を用いて新たな熱力学ポテンシャルを定義することができる．例えば，a～e成分が固定性成分で，f～k成分が完全移動性成分であるとした場合，新たな熱力学ポテンシャル G_K は次のように定義される．

$$\begin{aligned}
G_K &= G - \sum_{i=f}^{k} n_i \mu_i \\
&= U - TS + PV - \sum_{i=f}^{k} n_i \mu_i
\end{aligned} \tag{4.13}$$

第1章1.2節において説明したように，温度一定・圧力一定条件下における平衡を論じる場合に用いられるギブスエネルギーは，内部エネルギーから機械的仕事 ($-PV$) および熱的仕事 (TS) を差し引いた有効エネルギーであったが，完全移動性成分に関しては，その化学ポテンシャルが外界から決定され，完全移動性

4.6 完全移動性成分の関与した系に対する熱力学ポテンシャル

成分に由来するエネルギー $\left(\sum_{i=f}^{k} n_i \mu_i\right)$ が相の安定性（相平衡）を決定する有効エネルギーに関与しないことから，ギブスエネルギーから全ての完全移動性成分のエネルギーを差し引くことにより，新たな熱力学ポテンシャル G_K が定義される．この熱力学ポテンシャルはギブスエネルギーとは異なるものであり，完全移動性成分を含む開放系に対する熱力学を確立した D. S. コルジンスキーの功績を讃えて，「コルジンスキーエネルギー」と称してもよいのではないだろうか．

(4.13) 式を全微分し，(4.12) 式を用いると

$$\begin{aligned}
dG_K &= dG - \sum_{i=f}^{k} n_i d\mu_i - \sum_{i=f}^{k} \mu_i dn_i \\
&= -SdT + VdP + \sum_{i=a}^{k} \mu_i dn_i - \sum_{i=f}^{k} n_i d\mu_i - \sum_{i=f}^{k} \mu_i dn_i \\
&= -SdT + VdP + \sum_{i=a}^{e} \mu_i dn_i - \sum_{i=f}^{k} n_i d\mu_i
\end{aligned} \quad (4.14)$$

が得られる．温度，圧力，固定性成分である a～e 成分のモル数，および完全移動性成分である f～k 成分の化学ポテンシャルが一定である条件における平衡を取り扱う際に，この新たな熱力学ポテンシャル G_K が適用される．

(4.13) 式の意味を理解するために，例として，MgO-SiO_2-H_2O 系の組成-化学ポテンシャル図を作成してみよう．ここで，MgO と SiO_2 は固定性成分，H_2O は完全移動性成分として取り扱う．温度は 600℃，圧力は 2000 bar とし，P_{H_2O} = 全圧とする．600℃，2000 bar における各鉱物および H_2O の生成ギブスエネルギーを表 4.1 に示す．なお，この表の生成ギブスエネルギーは，(1.55) 式で定義される見掛けの生成ギブスエネルギーである．

H_2O は完全移動性成分であり，その化学ポテンシャルは外界から一定に保たれることから，H_2O のギブスエネルギーは相平衡を決定する有効エネルギーに関与しなくなる．そこで，H_2O のギブスエネルギー（$n_{H_2O} \times \mu_{H_2O}[873.15, 2000]$）を各鉱物のギブスエネルギーから差し引かなければならない．これが (4.13) 式の G_K である．これを (MgO+SiO_2) 1 モルあたりに換算してプロットした図が図 4.8 の組成-化学ポテンシャル図である．この図にプロットされた各鉱物のギブスエネルギー（陽イオン 1 モルあたりの G_K であるが，ここでは，便宜的にギ

表 4.1 600℃, 2000 bar における MgO-SiO$_2$-H$_2$O 系の鉱物および H$_2$O の (1.55) 式で定義される見掛けの生成ギブスエネルギー (Helgeson *et al.*, 1978)

鉱物名	略号	化学組成式	ギブスエネルギー G (kJ mol^{-1})	$G_K =$ $G - n_{H_2O}\mu_{H_2O}$ (kJ mol^{-1})	陽イオン1モルあたりの G_K (kJ mol^{-1})
ペリクレス	Per	MgO	-597.984	-597.984	-597.984
ブルーサイト	Bru	Mg(OH)$_2$	-900.725	-601.405	-601.405
フォルステライト	Fo	Mg$_2$SiO$_4$	-2154.032	-2154.032	-718.011
蛇紋石	Sp	Mg$_3$Si$_2$O$_5$(OH)$_4$	-4264.010	-3665.370	-733.074
滑石	Tlc	Mg$_3$Si$_4$O$_{10}$(OH)$_2$	-5788.647	-5489.327	-784.190
石英	Qtz	SiO$_2$	-895.952	-895.952	-895.952
水	H$_2$O	H$_2$O	-299.320		

ブスエネルギーと呼ぶ）のうち，ギブスエネルギーが最も低いところを結ぶと図 4.8 に示す下に凸の線が得られる．ペリクレスはブルーサイトよりギブスエネルギーが高く，ペリクレスは不安定となる．また，蛇紋石のギブスエネルギーは，その両側に位置するフォルステライトと滑石のギブスエネルギーを結んだ線よりも高い位置にあり，両鉱物に対して不安定である．結局，計算条件下では，MgO と SiO$_2$ の組成比に応じて，ブルーサイト＋フォルステライト，フォルステライト＋滑石，および滑石＋石英のいずれかの鉱物組み合わせが安定になる．

ある反応に対して (4.14) 式は次のように表される．

$$d\Delta G_{K,r} = -\Delta S_r dT + \Delta V_r dP + \sum_{i=a}^{e} \Delta \mu_{i,r} dn_i - \sum_{i=f}^{k} \Delta n_{i,r} d\mu_i \tag{4.15}$$

平衡においては，各相を構成する i 成分の化学ポテンシャルは等しくなることから，(4.15) 式は次のようになる．

$$0 = -\Delta S_r dT + \Delta V_r dP - \sum_{i=f}^{k} \Delta n_{i,r} d\mu_i \tag{4.16}$$

完全移動性成分の化学ポテンシャルを一定にした場合，

$$0 = -\Delta S_r dT + \Delta V_r dP \tag{4.17}$$

となり，(1.47) 式のクラペイロン-クラウジウスの式が導かれる．また，温度，圧力に加えて 2 つの完全移動性成分 (i,j) 以外の化学ポテンシャルを一定にした

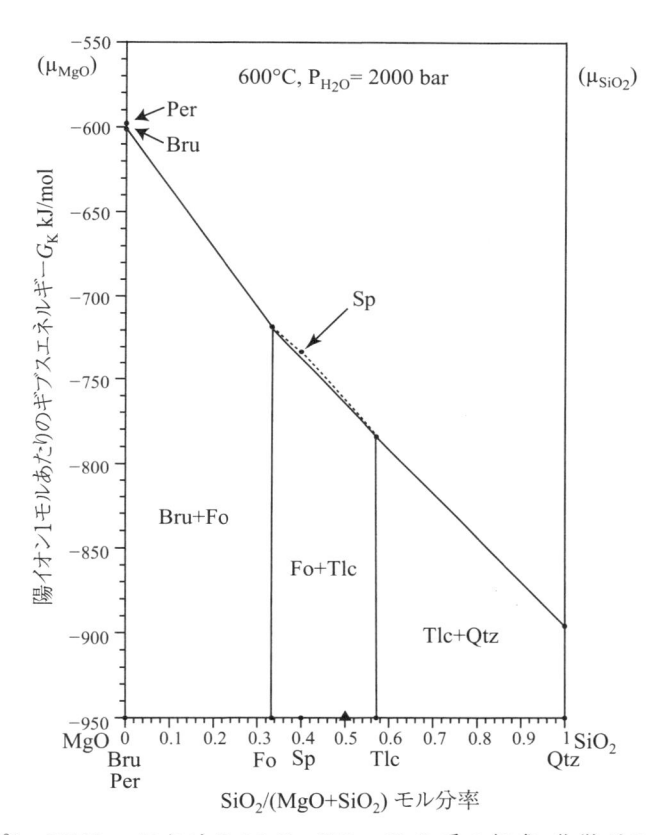

図 4.8 600℃, 2000 bar における MgO‐SiO$_2$‐H$_2$O 系の組成-化学ポテンシャル図. ここで, MgO と SiO$_2$ は固定性成分であり, H$_2$O は完全移動性成分である. 系は H$_2$O に関して飽和しており, P_{H_2O} = 全圧である. Bru：ブルーサイト, Per：ペリクレス, Fo：フォルステライト, Sp：蛇紋石, Tlc：滑石, Qtz：石英.

場合,

$$0 = \Delta n_{i,r} d\mu_i + \Delta n_{j,r} d\mu_j \tag{4.18}$$

となり,

$$\left(\frac{\partial \mu_j}{\partial \mu_i}\right)_{T,P,\,i\cdot j\,成分以外の\mu} = -\frac{\Delta n_{i,r}}{\Delta n_{j,r}} \tag{4.19}$$

が得られる．この式は, 完全移動性成分である i 成分および j 成分の化学ポテンシャルを座標軸とした化学ポテンシャル図において, 固溶体を作らない鉱物が関

与した平衡曲線は直線になり，その勾配が完全移動性成分に対する化学量論係数により決まることを示している．

4.7 化学反応式の求め方

固定性成分が1成分である系の場合は，その化学反応式を容易に求めることができるが，固定性成分が2成分以上になると容易ではなくなる．ここでは，化学反応式を求める方法について説明する．

例として，固定性成分3成分および完全移動性成分2成分からなる5成分系を取りあげる．温度・圧力を一定とした場合，完全移動性成分である2成分の化学ポテンシャルを座標軸とした化学ポテンシャル図における不変点ではゴールドシュミットの鉱物学的相律から5相が共存することになる．図4.9には，この不変点で共存する5鉱物 (A, B, C, D, E) の名前と各鉱物を構成する3つの固定性成分a, b, cのモル数からなるマトリックスが示されており，これは束線マトリックスと呼ばれる．この不変点からは，これら5つの鉱物から4つを選ぶ ($_5C_4$)，あるいは，1つ取り除いた鉱物組み合わせの数 ($_5C_1$) に対応する5本の平衡曲線が射出する．このうち，鉱物Aが関与しない平衡曲線 [A] に対する反応式は，図4.9の束線マトリックスから鉱物Aを取り除いて作った行列式を0とすることにより求められる．

$$\begin{vmatrix} & a & b & c \\ A & n_a^A & n_b^A & n_c^A \\ B & n_a^B & n_b^B & n_c^B \\ C & n_a^C & n_b^C & n_c^C \\ D & n_a^D & n_b^D & n_c^D \\ E & n_a^E & n_b^E & n_c^E \end{vmatrix}$$

図 4.9　5鉱物 (A, B, C, D, E) が関与した3固定性成分 (a, b, c) を有する系に対する束線マトリックス．n_b^D は鉱物Dを構成するb成分のモル数を示す．

4.7 化学反応式の求め方

$$[A] \equiv \begin{vmatrix} B & n_a^B & n_b^B & n_c^B \\ C & n_a^C & n_b^C & n_c^C \\ D & n_a^D & n_b^D & n_c^D \\ E & n_a^E & n_b^E & n_c^E \end{vmatrix} = 0 \tag{4.20}$$

この式は,固定性成分に関する質量保存式を表している.第2列にaを,第3列にbを,そして,第4列にcを掛けて足し合わせると鉱物の組成を構成成分とそのモル数で表した第1列と同じになり,行列式の性質からこの行列式は0となる.

$$[A] \equiv \frac{1}{abc} \begin{vmatrix} n_a^B a + n_b^B b + n_c^B c & n_a^B a & n_b^B b & n_c^B c \\ n_a^C a + n_b^C b + n_c^C c & n_a^C a & n_b^C b & n_c^C c \\ n_a^D a + n_b^D b + n_c^D c & n_a^D a & n_b^D b & n_c^D c \\ n_a^E a + n_b^E b + n_c^E c & n_a^E a & n_b^E b & n_c^E c \end{vmatrix} = 0 \tag{4.21}$$

(4.20)式を展開すると固定性成分に関して質量バランスが成り立った化学反応式が得られる.しかしながら,完全移動性成分に関してはまだ質量バランスがとれていないので,反応式の右辺あるいは左辺に完全移動性成分を加えて質量バランスをとることにより,最終的な化学反応式が得られる.

例として,方解石(Cal),ドロマイト(Dol),滑石(Tlc),透閃石(Tr)および石英(Qtz)の5鉱物が関与したSiO_2-MgO-CaO-H_2O-CO_2系を取り上げる.このうち,SiO_2,MgOおよびCaOが固定性成分で,H_2OとCO_2が完全移動性成分であるとする.ここでは,温度・圧力を一定とし,完全移動性成分であるH_2O

$$\begin{vmatrix} & SiO_2 & MgO & CaO \\ Cal & 0 & 0 & 1 \\ Dol & 0 & 1 & 1 \\ Tlc & 4 & 3 & 0 \\ Tr & 8 & 5 & 2 \\ Qtz & 1 & 0 & 0 \end{vmatrix}$$

図4.10 方解石(Cal),ドロマイト(Dol),滑石(Tlc),透閃石(Tr)および石英(Qtz)の5鉱物が関与したSiO_2 - MgO - CaO -H_2O- CO_2系に対する束線マトリックス.ここで,SiO_2,MgOおよびCaOは固定性成分であり,H_2OおよびCO_2は完全移動性成分である.

と CO_2 の化学ポテンシャルを軸にとった化学ポテンシャル図（μ_{H_2O}-μ_{CO_2} 図）を考える．この場合の束線マトリックスは図 4.10 のようになる．一例として，方解石 (Cal)，滑石 (Tlc)，透閃石 (Tr) および石英 (Qtz) の 4 鉱物間における反応式を取り上げる．この反応に対する行列式 [Dol] は

$$[\text{Dol}] \equiv \begin{array}{c} \\ \text{Cal} \\ \text{Tlc} \\ \text{Tr} \\ \text{Qtz} \end{array} \begin{vmatrix} \text{SiO}_2 & \text{MgO} & \text{CaO} \\ 0 & 0 & 1 \\ 4 & 3 & 0 \\ 8 & 5 & 2 \\ 1 & 0 & 0 \end{vmatrix}$$
$$= 5\text{Tlc} + 4\text{Qtz} + 6\text{Cal} - 3\text{Tr} = 0 \quad (4.22)$$

となる．よって，

$$5\text{Tlc} + 4\text{Qtz} + 6\text{Cal} = 3\text{Tr} \quad (4.23)$$

の式が得られる．(4.23) 式を化学組成式を用いて表すと次のように書き表される．

$$5\text{Mg}_3\text{Si}_4\text{O}_{10}(\text{OH})_2 + 4\text{SiO}_2 + 6\text{CaCO}_3 = 3\text{Ca}_2\text{Mg}_5\text{Si}_8\text{O}_{22}(\text{OH})_2 \quad (4.24)$$

ここで，完全移動性成分である H_2O と CO_2 の質量バランスをとると (4.23) 式は

$$5\text{Tlc} + 4\text{Qtz} + 6\text{Cal} = 3\text{Tr} + 2\text{H}_2\text{O} + 6\text{CO}_2 \quad (4.25)$$

となり，求めるべき化学反応式が得られる．(4.19) 式から，μ_{H_2O}-μ_{CO_2} 化学ポテンシャル図におけるこの平衡曲線の勾配は

$$\left(\frac{\partial \mu_{H_2O}}{\partial \mu_{CO_2}}\right)_{T,P,H_2O \text{ および } CO_2 \text{ 以外の} \mu_i} = -\frac{\Delta n_{CO_2,r}}{\Delta n_{H_2O,r}} = -3$$

と求められる．方解石，ドロマイト，滑石，透閃石および石英の 5 相が共存する μ_{H_2O}-μ_{CO_2} 化学ポテンシャル図上の不変点から射出する一変線は，(4.25) 式を加えて，次の 5 つの反応式に対応する．

$$[\text{Cal}] \quad 2\text{Dol} + \text{Tlc} + 4\text{Qtz} = \text{Tr} + 4\text{CO}_2 \quad (4.26)$$

[Dol] $5\text{Tlc} + 4\text{Qtz} + 6\text{Cal} = 3\text{Tr} + 2\text{H}_2\text{O} + 6\text{CO}_2$ (4.25:再掲)

[Tlc] $\text{Tr} + 3\text{Cal} + 7\text{CO}_2 = 5\text{Dol} + 8\text{Qtz} + \text{H}_2\text{O}$ (4.27)

[Tr] $\text{Tlc} + 3\text{Cal} + 3\text{CO}_2 = 3\text{Dol} + 4\text{Qtz} + \text{H}_2\text{O}$ (4.28)

[Qtz] $2\text{Tlc} + 3\text{Cal} = \text{Tr} + \text{Dol} + \text{CO}_2 + \text{H}_2\text{O}$ (4.29)

それぞれの一変線の $\mu_{\text{H}_2\text{O}}$-μ_{CO_2} 化学ポテンシャル図における勾配は，0，−3，7，3，−1となり，これらの一変線が図 4.11 に示されている．図 4.11 の各一変線の両側には化学反応式の右辺あるいは左辺において安定な鉱物あるいは鉱物組み合わせが示されているが，これはル・シャトリエの法則（原理）から決められる．すなわち，H_2O の化学ポテンシャルが増大すると H_2O が鉱物中に取り込まれる方向に反応が進むことから，H_2O は一変線の下側（化学ポテンシャルの低い側）に位置することになる．同様に，CO_2 は一変線の左側（化学ポテンシャルの低い側）に位置することになる．

各一変線は不変点の両側において安定となるのではなく，片側でのみ安定となる．その安定関係は，他の一変線から見た鉱物あるいは鉱物組み合わせの安定性から決められる．一変線 [Dol] によれば，Tr はこの一変線の左下側で安定であるため，Tr の関与した一変線 [Qtz], [Cal], [Tlc] は一変線 [Dol] の左下側でのみ安定となり，この関係からこれらの一変線の安定領域が決定される．同様に，一変線 [Cal] によれば，Tr はこの一変線の左側で安定であることから，一変線 [Dol] は不変点の左上側で安定になる．残りの一変線 [Tr] の安定領域は，Dol+Qtz の組み合わせの安定性を示す一変線 [Tlc] から決められる．一変線 [Tlc] によれば，Dol+Qtz の組み合わせは一変線 [Tlc] の右側で安定であることから，一変線 [Tr] は不変点の右上側で安定となる．このようにして各一変線の安定領域が決定される．安定な一変線で囲まれた各領域での鉱物の安定関係は，各一変線の示す安定な鉱物および鉱物組み合わせから決められる．

不変点周りにおける一変線の配置は，関与した鉱物の化学組成（幾何学的配置）によって決まる．図 4.12 には 3 つの固定性成分をもつ系に対する不変点周りでの 5 本の一変線と 5 鉱物の化学組成との関係が示されている．(a) の場合，各鉱物は，いずれも他の 4 つの鉱物を結んで作られる四角形の外側に位置しているのに対し，(b) の場合，1 つの鉱物が他の 4 つの鉱物を結んで作られる四角形の内

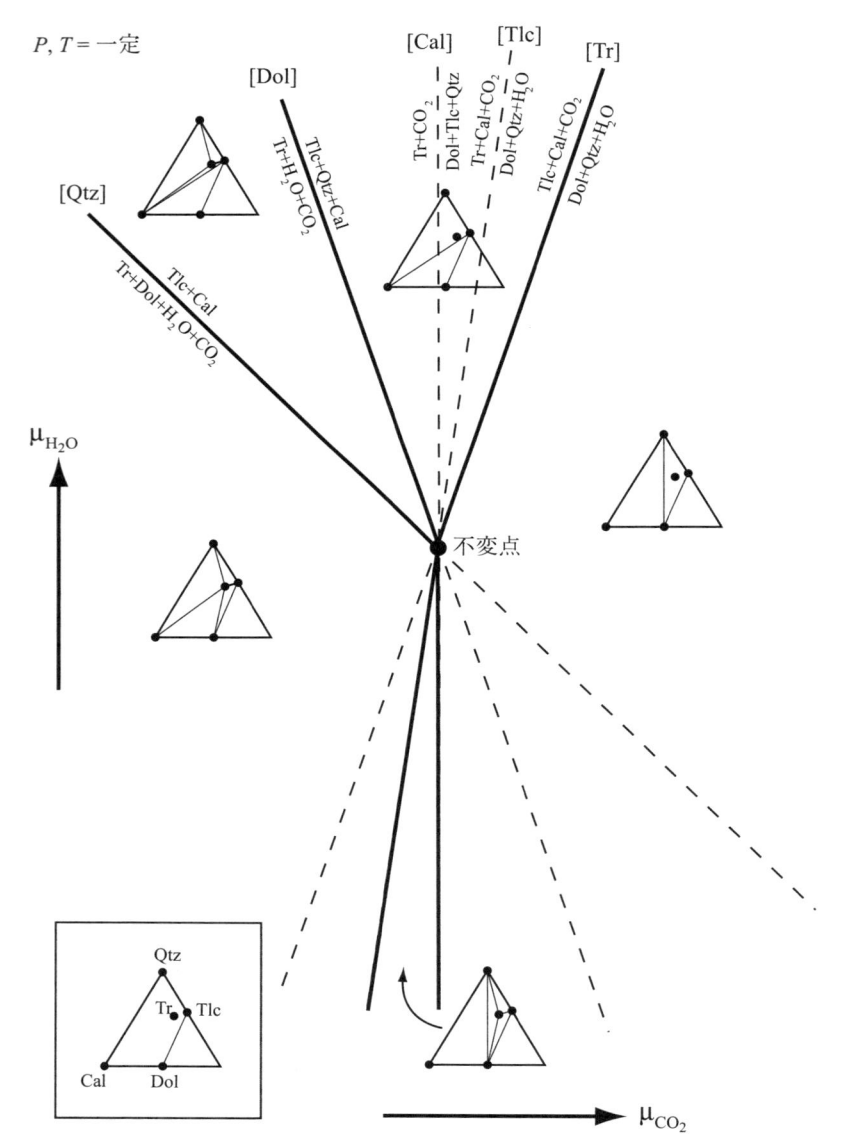

図 4.11 SiO_2 - MgO - CaO - H_2O - CO_2 系（SiO_2, MgO, CaO は固定性成分，H_2O，CO_2 は完全移動性成分）の μ_{H_2O} - μ_{CO_2} 化学ポテンシャル図上における不変点（Qtz, Cal, Dol, Tr, Tlc が共存）周りの一変線の配置と鉱物共生関係

4.7 化学反応式の求め方　**79**

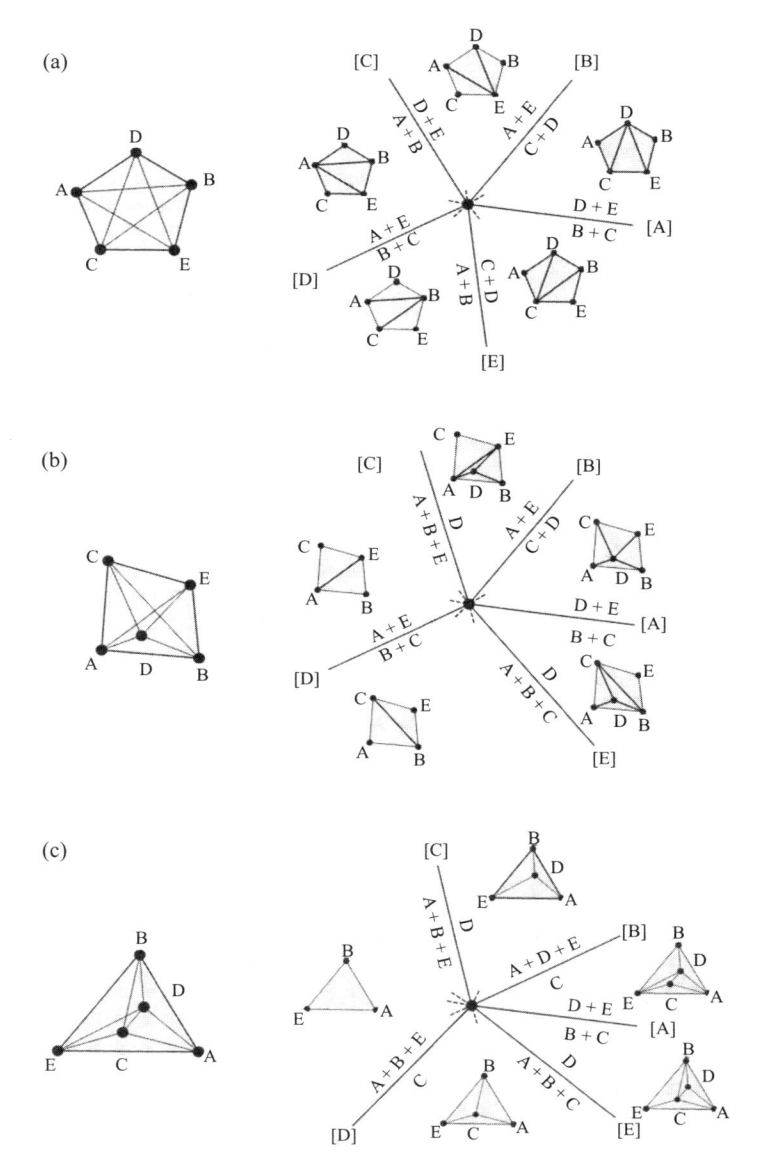

図4.12 3固定性成分からなる系における不変点周りでの一変線の安定性と鉱物の幾何学的配置との関係 (Spear, 1993)

側に位置している．(c) の場合，2 つの鉱物が他の 3 つの鉱物を結んで作られる三角形の内側に位置している．

4.8　$\log f_{O_2}$ - $\log f_{S_2}$ 図

ここでは，単純な系である Fe-O_2-S_2 系に対する $\log f_{O_2}$ - $\log f_{S_2}$ 化学ポテンシャル図を作成することにより相平衡図の作成に関する理解を深める．この系において，Fe は固定性成分，O_2 と S_2 は完全移動性成分とし，25℃，1 bar における $\log f_{O_2}$ - $\log f_{S_2}$ 図を作成（実際には，計算の簡略化のため $RT \ln f_{O_2}$ - $RT \ln f_{S_2}$ 図を作成）する．

温度，圧力が固定された系（ただし，完全移動性成分である O_2 と S_2 の化学ポテンシャルは可変である）であることから，ゴールドシュミットの鉱物学的相律を用いて，

$$F_G = C - \varphi = 3 - \varphi \tag{4.30}$$

となり，$\log f_{O_2}$ - $\log f_{S_2}$ 図上の不変点（$F_G = 0$）では 3 相が共存し，一変線上（$F_G = 1$）では 2 相が共存することになる．ここでは，次の 5 鉱物を考慮に入れる．

赤鉄鉱：Fe_2O_3

磁鉄鉱：Fe_3O_4

金属鉄：Fe

磁硫鉄鉱：FeS（正確には $Fe_{1-x}S$ であるが，ここでは FeS として取り扱う）

黄鉄鉱：FeS_2

不変点では 3 相が共存することから，この系では，上記 5 鉱物から 3 鉱物を選び出す組み合わせの数に対応する $_5C_3 = 10$ 個の不変点が存在する．また，一変線上では 2 相が共存することから，$_5C_2 = 10$ 本の一変線が存在することになる．これら 10 本の一変線①〜⑩に対する反応式を表 4.2 に示す．反応式を求めるにあたり，まずは，選び出された 2 つの鉱物を反応式の左辺と右辺におき，固定性成分である Fe の数が両辺で等しくなるように，鉱物に化学量論係数を掛けて調整

表 4.2 Fe-O_2-S_2 系の 5 鉱物（赤鉄鉱，磁鉄鉱，金属鉄，磁硫鉄鉱，黄鉄鉱）間における化学反応式

①	$3Fe_2O_3 = 2Fe_3O_4 + \frac{1}{2}O_2$
②	$Fe_2O_3 = 2Fe + \frac{3}{2}O_2$
③	$Fe_2O_3 + S_2 = 2FeS + \frac{3}{2}O_2$
④	$Fe_2O_3 + 2S_2 = 2FeS_2 + \frac{3}{2}O_2$
⑤	$Fe_3O_4 = 3Fe + 2O_2$
⑥	$Fe_3O_4 + \frac{3}{2}S_2 = 3FeS + 2O_2$
⑦	$Fe_3O_4 + 3S_2 = 3FeS_2 + 2O_2$
⑧	$Fe + \frac{1}{2}S_2 = FeS$
⑨	$Fe + S_2 = FeS_2$
⑩	$FeS + \frac{1}{2}S_2 = FeS_2$

表 4.3 25℃，1 bar における Fe-O_2-S_2 系の鉱物および気体の標準生成ギブスエネルギー（Robie *et al.*, 1978）

赤鉄鉱	Fe_2O_3	-742.683	kJ mol^{-1}
磁鉄鉱	Fe_3O_4	-1012.566	kJ mol^{-1}
金属鉄	Fe	0	kJ mol^{-1}
磁硫鉄鉱	FeS	-101.333	kJ mol^{-1}
黄鉄鉱	FeS_2	-160.229	kJ mol^{-1}
酸素（気体）	O_2	0	kJ mol^{-1}
イオウ（気体）	S_2	79.453	kJ mol^{-1}

する．次に，完全移動性成分である O_2 と S_2 に関して両辺で質量保存が成り立つように，これらの成分を右辺あるいは左辺につけ加えて調整することにより反応式が求められる．

このようにして求められた各一変線に対する化学反応式（表 4.2）に対し，表 4.3 に示した各鉱物および気体に対する 25℃，1 bar における標準生成ギブスエネルギーを用いて，表 4.4 に示した $\ln f_{O_2}$ と $\ln f_{S_2}$ との関係式を求めることができる．例として，表 4.2 の赤鉄鉱と磁硫鉄鉱の関与した③の反応を取り上げる．この反応式は次のように書ける．

$$Fe_2O_3 (赤鉄鉱) + S_2 = 2FeS (磁硫鉄鉱) + \frac{3}{2}O_2 \tag{4.31}$$

この反応に対するギブスエネルギー変化は次のように書ける．

表 4.4 表 4.2 の化学反応式に対して導かれる $RT\ln f_{O_2}$ と $RT\ln f_{S_2}$ との関係式 (25℃, 1 bar)（単位：kJ）. 計算には表 4.3 の熱力学的データを使用.

①	$RT\ln f_{O_2} = -405.834$
②	$RT\ln f_{O_2} = -495.122$
③	$RT\ln f_{O_2} = \frac{2}{3}RT\ln f_{S_2} - 307.043$
④	$RT\ln f_{O_2} = \frac{4}{3}RT\ln f_{S_2} - 175.546$
⑤	$RT\ln f_{O_2} = -506.283$
⑥	$RT\ln f_{O_2} = \frac{3}{4}RT\ln f_{S_2} - 294.694$
⑦	$RT\ln f_{O_2} = \frac{3}{2}RT\ln f_{S_2} - 146.760$
⑧	$RT\ln f_{S_2} = -282.119$
⑨	$RT\ln f_{S_2} = -239.682$
⑩	$RT\ln f_{S_2} = -197.245$

$$\begin{aligned}\Delta G_r &= 2\mu_{FeS} + \frac{3}{2}\mu_{O_2} - \mu_{Fe_2O_3} - \mu_{S_2} \\ &= 2\mu_{FeS}^\circ + \frac{3}{2}(\mu_{O_2}^\circ + RT\ln f_{O_2}) - \mu_{Fe_2O_3}^\circ - (\mu_{S_2}^\circ + RT\ln f_{S_2})\end{aligned} \quad (4.32)$$

各鉱物および気体に対する標準生成ギブスエネルギーを代入し，平衡条件 $\Delta G_r = 0$ とすると

$$\Delta G_r = 2(-101.333) + \frac{3}{2}(0 + RT\ln f_{O_2}) - (-742.683) - (79.453 + RT\ln f_{S_2}) = 0 \quad (4.33)$$

となり，よって

$$RT\ln f_{O_2} = \frac{2}{3}RT\ln f_{S_2} - 307.043 \quad (4.34)$$

の関係式が得られる（単位：kJ）.

図 4.13 には同様にして求められた 10 本の一変線①〜⑩と 10 個の不変点 (a)〜(j) が示されている．不変点 (a) と (j) は，それぞれ平行な 3 本の一変線（それぞれ一変線⑧, ⑨, ⑩と①, ②, ③に対応）が無限遠（$+\infty$ あるいは $-\infty$）に位置する不変点にて交差していると考えることができる．

図 4.13 の一変線の両側には，各反応式の右辺あるいは左辺を構成する鉱物と気体が記入されている．一変線のどちら側において反応式の右辺あるいは左辺を構成する鉱物と気体が安定になるかは，ル・シャトリエの法則から決められる．横軸の S_2 のフガシティーが大きくなると，S_2 は気相から鉱物中に取り込まれるこ

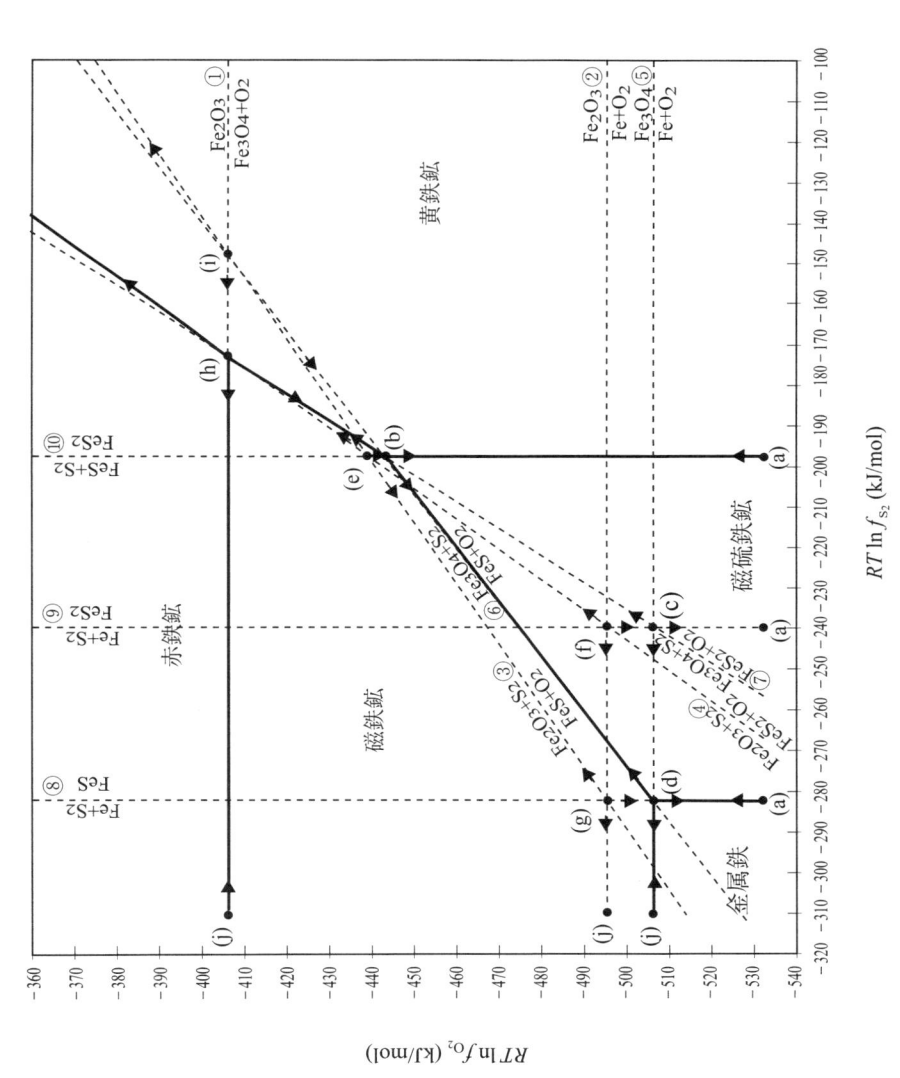

4.8 $\log f_{O_2}$ - $\log f_{S_2}$ 図 　83

図 4.13　25℃, 1 bar における Fe-O_2-S_2 系の $RT\ln f_{O_2}$-$RT\ln f_{S_2}$ 図. Robie *et al.* (1979) の熱力学的データを使用して計算.

とから，S_2 は一変線の左側（S_2 のフガシティーが低い側）に存在する．同様に，縦軸の O_2 のフガシティーが大きくなると O_2 は鉱物中に取り込まれることから，O_2 は一変線の下側（O_2 のフガシティーが低い側）に存在することになる．

次に，各不変点周りにおける一変線の安定関係を考える．各不変点からは3本の一変線が射出しているが，一般的には，これらの一変線は不変点に対して片側でのみ安定になる．各一変線がどちら側で安定になるかは，他の2つの一変線と共通する鉱物が，これら2つの一変線のどちら側で安定であるかを調べることにより決定される．例えば，不変点 (d) から射出する一変線⑤，⑥および⑧を考えてみる．一変線⑤は，上側で Fe_3O_4 が安定で，下側で Fe が安定であることを示している．このことから，Fe_3O_4 が関与した一変線⑥は右上側で安定になり，Fe が関与した一変線⑧は下側で安定になる．Fe および Fe_3O_4 が関与した一変線⑤は，Fe_3O_4 が関与した一変線⑥あるいは Fe が関与した一変線⑧から判断して，左側で安定になる．このようにして求められた各一変線の安定領域（方向）が図 4.13 の各不変点周りにおいて矢印で示されている．不変点 (a) および (j) に対しても同様な考え方から各一変線の安定領域が決められる．その結果，一変線①，⑤，⑧および⑩はすべての領域において安定であり，一変線②および⑨はすべての領域において準安定になる．

最終的に求められる各一変線の安定領域は，図 4.7 に示したように，各一変線上のすべての不変点周りにおける安定条件を満たす部分から求められる．このようにして求められた一変線の安定領域が図 4.13 において太線で示されており，これが求めるべき相平衡図（化学ポテンシャル図）である．

4.9　ギブスエネルギー最小化法による相平衡計算

前節で示したように，相平衡図の作成では，対象とする系において出現しうる鉱物間において考えられるすべての反応に対して熱力学的計算により平衡曲線を求めた後，すべての不変点周りにおける安定関係から平衡曲線の安定領域を選び出すことが行なわれる．このようにして求められた相平衡図からは，相平衡図を作成した温度，圧力および完全移動性成分の化学ポテンシャルの範囲においてどのような鉱物あるいは鉱物組み合わせが安定であるかを知ることができる．しか

しながら，計算は複雑であり，特に，固定性成分の数および関与する鉱物の数が多くなると計算量が急激に増加する．それに対して，ある一定の温度，圧力，完全移動性成分の化学ポテンシャルおよび固定性成分の量をもつ系に対して，平衡において系のギブスエネルギーが最小になることを利用して安定な鉱物や鉱物組み合わせを求める方法がある．この方法をギブスエネルギー最小化法といい，ラグランジュの未定乗数法を用いて上記の条件下において安定な鉱物組み合わせを求めることができる．以下にこの方法について説明する (Storey and Zeggeren, 1964: Wood and Holoway, 1984)．

温度，圧力，完全移動性成分の化学ポテンシャルおよび固定性成分の量を固定した場合，平衡において，(4.35) 式で示される系のギブスエネルギー G_K（ギブスエネルギーから完全移動性成分のギブスエネルギーを差し引いたエネルギー）が最小になる．計算対象とする鉱物の数を M とし，各鉱物の化学ポテンシャルを $\mu_{K,i}$（鉱物のギブスエネルギーから完全移動性成分のギブスエネルギーを差し引いた1モルあたりのエネルギー），そのモル数を n_i とすると系のギブスエネルギー G_K は

$$G_K = \sum_{i=1}^{M} \mu_{K,i} n_i \tag{4.35}$$

と表される．系を構成する固定性成分の数を N とすると，系を構成する各固定性成分 j の総モル数 N_j に対して次の質量保存式が成り立つ．

$$\sum_{i=1}^{M} a_j^i n_i = N_j \tag{4.36}$$

ここで，a_j^i は，鉱物 i を構成する j 成分のモル数である．ギブスエネルギー最小化法では，(4.37) 式で定義されるサーチ・パラメータ l を導入し，このサーチ・パラメータに従って (4.36) 式で示される条件を満たしながら各鉱物の量を変化させることを繰り返すこと（逐次近似法）により，(4.35) 式で示される系のギブスエネルギー G_K が最小になる点を見つける．

$$\frac{dG_K}{dl} = \sum_{i=1}^{M} \mu_{K,i} \left(\frac{dn_i}{dl} \right) = 勾配が最大 \tag{4.37}$$

上式は，サーチ・パラメータの方向がギブスエネルギー曲面上において勾配が最大となる方向であることを示している．

ギブスエネルギー最小化法の計算を行なうにあたって，計算で考慮に入れた各鉱物の量 n_i が負にならないようにしなければならない．そこで，n_i 値が漸近的に 0 に近づくように次の変数 η_i を定義する．

$$n_i = \exp(\eta_i) \tag{4.38}$$

このようにすることにより，(4.37) 式は次のように書き直される．

$$\frac{dG_K}{dl} = \sum_{i=1}^{M} (\mu_{K,i} n_i)\left(\frac{d\eta_i}{dl}\right) = 勾配が最大 \tag{4.39}$$

また，質量保存を示す (4.36) 式をサーチ・パラメータで微分すると次の式が得られる．

$$\sum_{i=1}^{M} (a_j^i n_i)\frac{d\eta_i}{dl} = 0 \tag{4.40}$$

ギブスエネルギー曲面上において勾配が最大となる方向を見つけるためにラグランジュの未定乗数 q および $X_j (j=1 \sim N)$ を導入して，鉱物の数に等しい次の M 個 ($i = 1 \sim M$) の式が作成される．

$$\mu_{K,i} n_i - q\left(\frac{d\eta_i}{dl}\right) - \sum_{j=1}^{N} X_j a_j^i n_i = 0 \tag{4.41}$$

(4.41) 式に $a_k^i n_i$ を掛け，すべての鉱物 i に関して足し合わせると (4.40) 式の関係を用いて，次の N 個の未知数 X_j をもつ N 個の式からなる連立方程式が得られる．

$$\sum_{j=1}^{N}\left(\sum_{i=1}^{M} a_k^i a_j^i (n_i)^2\right) X_j = \sum_{i=1}^{M} \mu_{K,i} a_k^i (n_i)^2 \qquad (k = 1 \sim N) \tag{4.42}$$

(4.42) 式を解くことによって X_j が求められ，次に，求められた X_j を用いて (4.41) 式から次のようにして q が求められる．(4.41) 式において q を含まない項を右辺に移項した後，両辺を 2 乗し，i に関して 1 から M まで足し合わせると次の式が得られる．

$$q^2 \sum_{i=1}^{M}\left(\frac{d\eta_i}{dl}\right)^2 = \sum_{i=1}^{M}\left(\mu_{K,i} n_i - \sum_{j=1}^{N} X_j a_j^i n_i\right)^2 \tag{4.43}$$

次の標準化を行なうと，(4.43) 式から q を求めることができる．

$$\sum_{\mathrm{i}=1}^{M}\left(\frac{d\eta_\mathrm{i}}{dl}\right)^2 = 1 \tag{4.44}$$

このようにして X_j と q が求められると (4.41) 式から $(d\eta_\mathrm{i}/dl)$ が求められる．

$$\frac{d\eta_\mathrm{i}}{dl} = \frac{n_\mathrm{i}}{q}\left(\mu_{\mathrm{K},\mathrm{i}} - \sum_{\mathrm{j}=1}^{N} X_\mathrm{j} a_\mathrm{j}^\mathrm{i}\right) \tag{4.45}$$

よって，

$$\begin{aligned}(\eta_\mathrm{i})_\mathrm{new} &= (\eta_\mathrm{i})_\mathrm{old} + \left(\frac{d\eta_\mathrm{i}}{dl}\right)dl \\ &= (\eta_\mathrm{i})_\mathrm{old} + \frac{n_\mathrm{i}}{q}\left(\mu_{\mathrm{K},\mathrm{i}} - \sum_{\mathrm{j}=1}^{N} X_\mathrm{j} a_\mathrm{j}^\mathrm{i}\right)dl \end{aligned} \tag{4.46}$$

となり，新たな η_i の値が (4.46) 式から求められる．この値を使用して計算を繰り返し，$(\eta_\mathrm{i})_\mathrm{new}$（新たに求められた η_i の値）と $(\eta_\mathrm{i})_\mathrm{old}$（1つ手前の計算段階で求められた η_i の値）の差が十分に小さくなったところが求めるべき解であり，(4.35) 式で表される系のギブスエネルギー G_K が最小になる点である．実際の計算においては，$(\eta_\mathrm{i})_\mathrm{new} - (\eta_\mathrm{i})_\mathrm{old}$ の変化を見ながら，dl の大きさを調整する必要がある．また，固溶体を形成する鉱物に対してはその化学ポテンシャルを

$$\mu_{\mathrm{K},\mathrm{i}} = \mu_{\mathrm{K},\mathrm{i}}^\circ + RT\ln a_\mathrm{i} \tag{4.47}$$

で表し，どの鉱物（端成分）とどの鉱物（端成分）が固溶体を形成するかに関する情報を考慮に入れて計算を行なう必要がある．

　ギブスエネルギー最小化法は，平衡曲線を求める方法と比べて，計算プログラムの作成が容易であり，かつ，系の成分数や関与する鉱物数が増えても計算プログラムに大きな変更を加える必要がないことが重要な特徴である．ギブスエネルギー最小化法による相平衡計算は，特に固溶体が関与した系に対して有効である．

　図 4.14 にギブスエネルギー最小化法を用いて作成した 600℃，1000 bar における SiO_2-CaO-MgO-H_2O-CO_2 系の組成-共生図を示す．ここでは，SiO_2, CaO

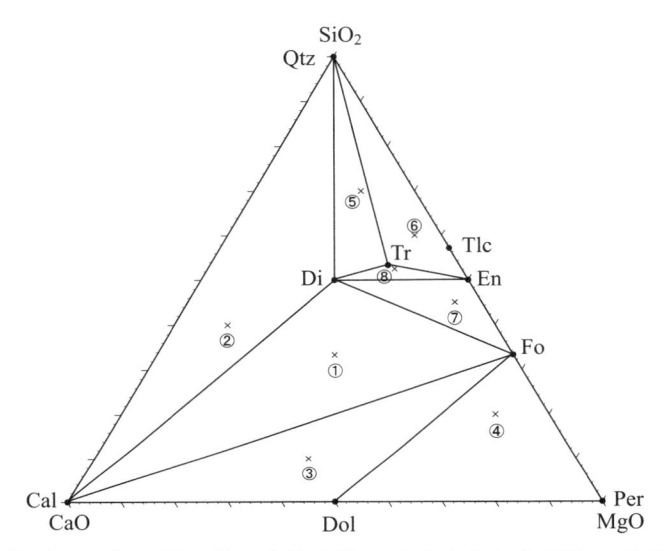

図 4.14 ギブスエネルギー最小化法を用いて求められた SiO_2 - CaO - MgO - H_2O - CO_2 系の組成-共生図 ($600°C$, $1000\,bar$, $X_{CO_2} = 0.1$). Helgeson *et al.* (1978) の熱力学的データセットを使用して計算.

および MgO を固定性成分, H_2O と CO_2 を完全移動性成分とし, CO_2 のモル分率を 0.1 としている. また, 計算で考慮に入れた鉱物は, 石英 (Qtz), 方解石 (Cal), ペリクレス (Per), ブルーサイト (Bru), ドロマイト (Dol), フォルステライト (Fo), エンスタタイト (En), 透閃石 (Tr), 透輝石 (Di) および滑石 (Tlc) の 10 鉱物である. 計算には Helgeson *et al.* (1978) の鉱物および気体に対する熱力学的データを用いている. 上記の条件における組成-共生図を求めるために, 少なくとも図 4.14 に示された①〜⑧の 8 点（各三角形内の任意の点）で計算を行なう必要がある. 例えば, 点①での計算では, 最終的に方解石, 透輝石およびフォルステライトの 3 相が安定になる. 同様の計算を他の点に対して実行することにより, 図 4.14 の組成-共生図が完成される. なお, 計算における初期値の設定により収束時間が変化するが, 経験的には系に関与するすべての鉱物がほぼ等量に存在するような初期値設定を行なうとよい.

竹野ら (2000) は同様なギブスエネルギー最小化法を用いて岩手県葛根田花崗岩周辺の接触変成岩に対して共生鉱物の推定を行なっている. また, Omori and

Mariko (1999) は，平衡曲線の計算とギブスエネルギー最小化法を組み合わせて，スカルンに対する鉱物共生と固溶体鉱物組成の推定を行なっている．

4.10 鉱物相平衡計算ソフトウェア

H_2O や CO_2 が関与した系に対する鉱物相平衡図作成のためのソフトウェア THERMOCALC が Powell and Holand (1988) により開発されている．Powell et al. (1998) のバージョンでは固溶体の関与した系が取り扱えるように改良が行なわれている．THEMOCALC に関する情報は次のウェブサイトで公開されている：http://www.metamorph.geo.uni-mainz.de/thermocalc/．また，地球物理学から変成岩岩石学までの幅広い分野で使われている相平衡計算ソフトウェアとして Perplex が挙げられる：http://www.perplex.ethz.ch/．

第5章

水溶液の熱力学

5.1 水と水溶液

5.1.1 水の性質と構造

　水は常温・常圧付近において，液相の水，固相の氷，気相の水蒸気として存在する．これらの安定関係を図5.1の相図（相平衡図，状態図）に示す．これらの3相は，0.01℃，611.73 Pa (0.0061 bar) の三重点（不変点）で共存する．しかしながら，臨界点 (374℃, 22.064 MPa (220.64 bar)) を超えると水と水蒸気の区別

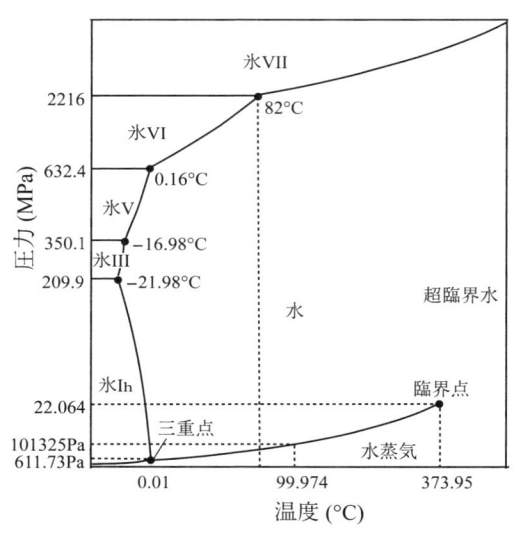

図 5.1 H_2O の状態図（山崎，1997）

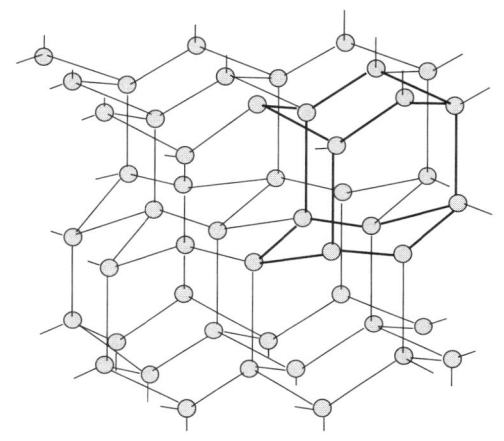

図 5.2 氷 I_h の結晶構造（大瀧，1987）．氷 I_h を構成する酸素原子の位置のみを表示．水素原子は酸素原子を結ぶ線上で，両側の酸素原子より約 100 pm 離れた位置に 2 分の 1 の確率で存在．

がなくなり，超臨界水として存在する．固相である氷には，構造の異なる多形が存在し，今までに 10 以上の多形が知られている．私たちが日常接する氷は氷 I_h と名づけられており，六方晶系 (hexagonal) に属する．この氷 I_h は，他の氷とは異なり，相図において液相である水との境界線の勾配 ($dP/dT = \Delta S/\Delta V$) が負になっている．これは体積効果によるものである．一般的に固相から液相に変化する際，エントロピーおよび体積は増加するが，氷 I_h の場合，融ける際に体積が減少し，このことが負の勾配をもつ原因となっている．氷 I_h は水素結合により図 5.2 に示したような大きな空隙を有する構造をもっており，氷 I_h から水に変化する際に水素結合の一部が切れることにより相対的に密度の高い構造になり，体積の減少が生じる．一般的には固相の方が液相より密度が大きいため，固相は液相に沈むが，氷 I_h の場合は，水よりも密度が小さいため水に固相の氷 I_h が浮くという現象が生じる．このような現象を日ごろ見慣れているため私たちは何も不思議に思わないが，液相と固相の関係の中では特殊な例である．

上述したように H_2O の状態相図（図 5.1）において氷 I_h と水の境界線は負の勾配を有しているが，このことは氷 I_h に圧力を加えると溶融することを示している．一般的な固相と液相の場合では逆の関係となり，圧力を加えると液相は密度

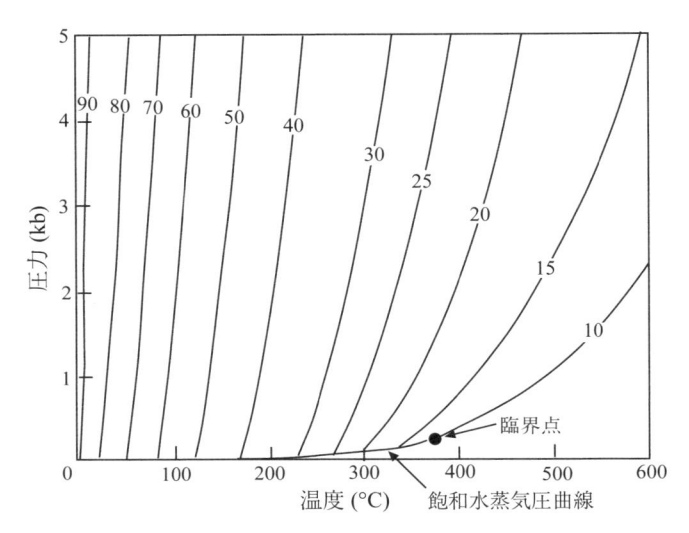

図 5.3 水の比誘電率の温度・圧力依存性 (Helgeson *et al.*, 1974a)

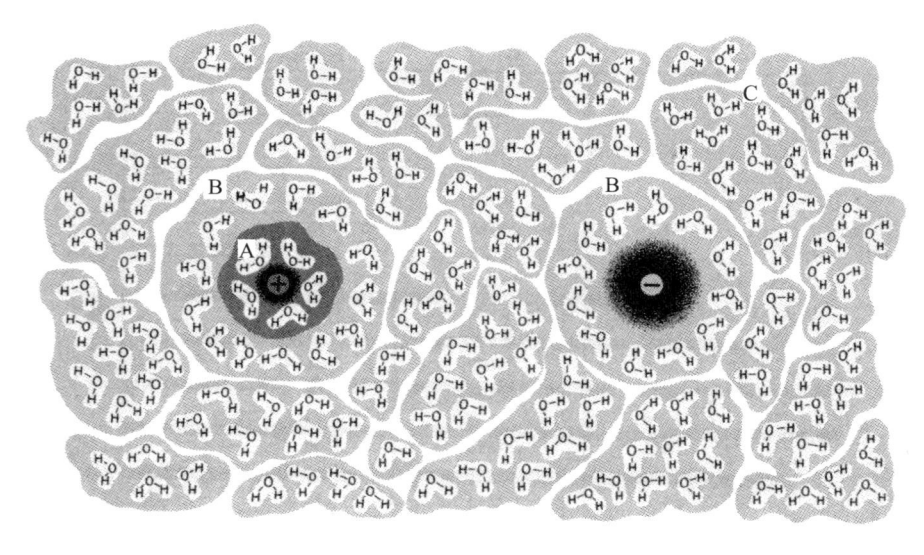

図 5.4 Frank and Wen (1957) による電解質水溶液の構造モデル．A は構造形成領域，B は構造破壊領域，C はバルク水を示す（井口ら，1979）．

の高い固相へと変化するが，氷 I_h の場合は圧力を加えると相対的に密度の高い液相の水へと変化する．このことはスケート靴を履いて氷の上を滑走できることの原理になっている．人間の体重がスケート靴の狭い刃先に集中し，高い圧力を発生させることにより氷が溶融し，摩擦を軽減させることにより氷の上を滑べることができる．そして圧力が取り去られると，水は元の氷へと戻る．

氷 I_h では酸素原子は 4 個の最近接酸素原子によって囲まれ，4 配位を呈している（図 5.2）が，水は，氷の水素結合が所々で切れたような構造を有しており，常温付近の水では酸素原子の配位数が増加し，1.5℃で 4.4，83℃で 4.9 となり温度の上昇とともに増加している．液相の水は，単独の水分子および 2 個以上の水分子が結合した水クラスターから構成されていると考えられている（図 5.4）．

その他の水の特徴として，大きな双極子モーメントをもつとともに高い比誘電率（図 5.3）をもつことが挙げられ，電荷を有する物質と強い相互作用を示す．このことが溶媒として優れた性質をもつ水を特徴づけている．

5.1.2 水溶液の構造

水分子では，酸素原子は 2 個の水素原子と結合しており，水素原子を取り巻く電子が酸素原子側に引き寄せられることにより，酸素原子は $-0.44e$ の電荷をもち，水素原子はそれぞれ $+0.22e$ の電荷をもっている．水分子の 2 つの水素-酸素結合の結合角はおよそ 105°であるため，水分子は双極子を有する．そのため，水分子を構成する酸素原子は陽イオンに引き寄せられ，水素原子は陰イオンに引き寄せられる．これが水和現象であり，水が電解質物質を溶解させる重要な要因となっている．水中において電解質物質を構成する陽イオンおよび陰イオンは水分子を引きつけ，それに伴って水和エネルギーが解放される．一般的に，イオン半径が小さく，電荷が大きいイオンほど水分子との静電的相互作用が強くなる．

図 5.4 は，電解質水溶液の構造を模式的に示した図である．Frank and Wen (1957) によれば電解質水溶液の構造は 3 つの領域に分けられる．イオンに接した領域は，構造形成領域 (A) と呼ばれ，水分子はイオンと強く結合（水和）しており，水和した水分子はイオンと一緒に行動する．その外側は，構造破壊領域 (B) と呼ばれる．この領域の水分子はイオンに結合することもなく，また，水素結合が切れ，周囲の水（バルク水）のような構造を形成することもなく，構造的に破

壊されている．この領域では周囲の水より水分子が動きやすくなっており，「負の水和」と呼ばれることがある（サモイロフ，1967）．構造破壊領域 (B) の外側は，一般的な水と同じであり，バルク水 (C) と呼ばれる．ただし，すべてのイオンにおいてこのような三層構造が形成されるわけではなく，イオン半径が大きく，電荷の小さなイオンでは静電的相互作用が小さく，構造形成領域をもたない．

水素結合をしているバルク水と比べて，構造形成領域の水分子はイオンと強く結合しており，この領域における水分子の体積はバルク水における水分子の体積よりも小さくなっている．大きな構造形成領域をもつイオン（構造形成イオン），すなわち，イオン半径が小さく，電荷の大きなイオン（例えば，Li^+, Na^+, Ca^{2+}, Mg^{2+}, Fe^{2+}, Al^{3+}, Th^{4+}, F^-）では，水分子が水和することにより体積が小さくなり，イオンの部分モル体積 $\left(=\left(\frac{\partial V}{\partial n_i}\right)_{T,P,n_j}\right)$ は負となる．これを静電収縮という．反対に，構造形成領域をもたないイオン（構造破壊イオン），すなわち，イオン半径が大きく，電荷の小さなイオン（例えば，K^+, Rb^+, Cs^+, Cl^-, Br^-, I^-）では，イオンの部分モル体積は正になっている．

イオンの部分モル体積 V_{ion}° は次のように表される．

$$\begin{aligned}
V_{ion}^\circ &= V_{int}^\circ + V_{elect}^\circ \\
&= (V_{cryst}^\circ + V_{void}^\circ) + V_{elect}^\circ \\
&= Ar_i^3 - \frac{Bz_i^2}{r_i}
\end{aligned} \quad (5.1)$$

ここで，V_{int}° (int: intrinsic) はイオンを溶液中に収納するために必要な体積で，V_{elect}° (elect: electrostriction) は静電収縮による体積変化である．V_{int}° は，さらに，V_{cryst}° (cryst: crystal) と V_{void}° (void: void-space) とに分けられ，V_{cryst}° はイオンの結晶学的な体積，V_{void}° はイオンを収納するスペースからイオンの結晶学的な体積を差し引いた体積である．z_i はイオンの価数，r_i はイオン半径であり，A および B は定数である．イオンの部分モル体積は，水素イオンの体積を $0\,\mathrm{cm^3 \cdot mol^{-1}}$ と仮定したり，あるいは，塩化物イオンの体積を $18.0\,\mathrm{cm^3 \cdot mol^{-1}}$ と仮定して求められている（表5.1）．

V_{cryst}° は温度が上昇してもほとんど変化せず，V_{void}° は温度の上昇に伴い若干大きくなる傾向がある．それに対し，水の体積が温度とともに大きくなることから

表 5.1 無限希薄水溶液中におけるイオンの部分モル体積 ($cm^3 \cdot mol^{-1}$). 塩化物イオンの部分モル体積を $18.0\,cm^3 \cdot mol^{-1}$ と仮定 (Hepler, 1957). 水素イオンを基準とした部分モル体積は表 6.4 に掲載.

イオン	V°_{ion}	イオン	V°_{ion}	イオン	V°_{ion}	イオン	V°_{ion}
Li^+	−0.9	Mg^{2+}	−20.7	Fe^{2+}	−21.2	OH^-	−5.4
Na^+	−1.4	Ca^{2+}	−17.5	Co^{2+}	−18.5	F^-	−2.2
K^+	8.8	Sr^{2+}	−18.0	Ni^{2+}	−24.4	Cl^-	18.0
Rb^+	13.8	Ba^{2+}	−12.1	Mn^{2+}	−18.1	Br^-	24.9
Cs^+	21.2	Cd^{2+}	−15.0	Al^{3+}	−44.6	I^-	36.5
Ag^+	−0.9	Pb^{2+}	−15.9	La^{3+}	−38.0		
Tl^+	14.8	Zn^{2+}	−21.9	Th^{4+}	−54.2		

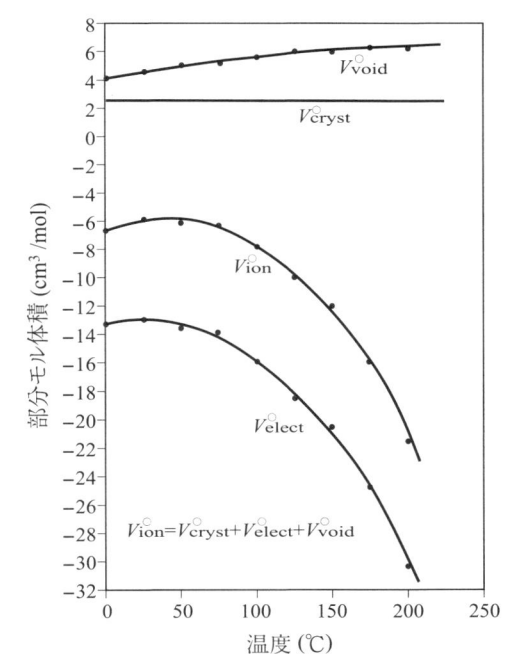

図 5.5 無限希薄水溶液における半径 0.1 nm の 1 価単原子イオンの部分モル体積 (V°_{ion}) およびその各構成要素 (V°_{cryst}, V°_{elect}, V°_{void}) の温度依存性 (Millero, 1972)

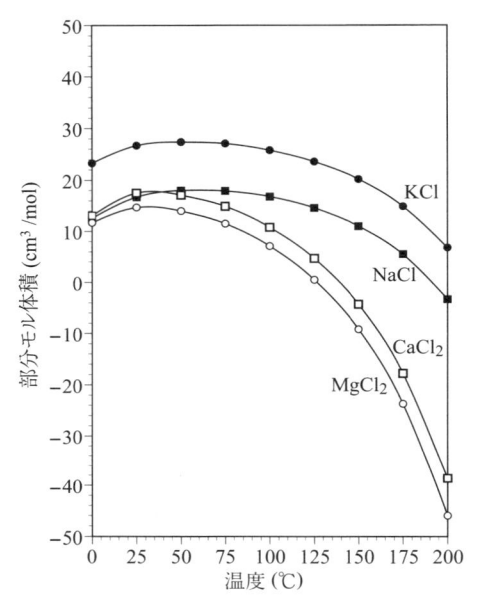

図 5.6　無限希薄水溶液中における電解質物質の部分モル体積の温度依存性 (20 bar) (Helgeson and Kirkham, 1976)

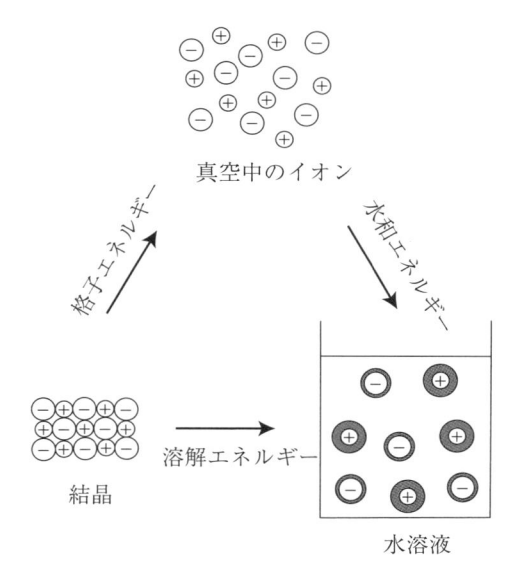

図 5.7　イオン性結晶の溶解に対するボルン-バーバーサイクル

V_{elect}° は，温度の上昇とともに急激に小さくなる．これらのことから，図 5.5 に示すように，イオンの部分モル体積は，低温では，温度上昇による V_{void}° の増加が大きく寄与して，温度の上昇とともに若干大きくなるが，温度が高くなると V_{elect}° の効果が大きくなり，急減に減少する．NaCl などの電解質物質の部分モル体積の温度依存性を図 5.6 に示す．

電解質物質の溶解のしやすさは，図 5.7 のボルン-バーバーサイクルを考えることにより理解される．真空中において孤立して存在する陽イオンと陰イオンが結合して結晶が形成されるときに放出されるエネルギー（格子エネルギー）と真空中の陽イオンと陰イオンが水和するときに放出されるエネルギー（水和エネルギーに反対符号を付したもの）とを比べたとき，前者が大きければ結晶が溶けにくく，後者が大きければ結晶が溶けやすいことになる．

5.2 非対称基準系

電解質溶液は，物質を溶かす溶媒と，溶けている物質である溶質とから構成され，電解質水溶液の場合は，水が溶媒となる．電解質溶液を熱力学的に取り扱う場合，一般的には溶質濃度の低い溶液を取り扱うことが多いため，溶媒と溶質とでは異なった基準状態（非対称基準系）が用いられる．

溶媒に対しては，純粋状態を基準とし，その化学ポテンシャルは次のように表される．

$$\begin{aligned}\mu_i &= \mu_i^{\circ} + RT \ln a_i \\ &= \mu_i^{\circ} + RT \ln x_i + RT \ln \gamma_i\end{aligned} \quad (5.2)$$

一般的に溶媒のモル分率 x_i は 1 に近いため，ラウールの法則が成り立ち，$\gamma_i = 1$ となり，その化学ポテンシャルは次のように理想溶液と同じ形で表される．

$$\mu_i = \mu_i^{\circ} + RT \ln x_i$$

第一近似的に $RT \ln x_i$ の項を無視して，$\mu_i = \mu_i^{\circ}$ として取り扱うことも多い．それに対し，溶質に対しては，無限希薄溶液が基準として用いられる．溶質の化学ポテンシャルも溶媒と同様に (5.2) 式のように書き表すことができる．溶質 i の

重量モル濃度（溶媒 1 kg に溶解している溶質 i のモル数．それに対し，体積モル濃度は溶液 1 リットル中に溶けている溶質 i のモル数である）を m_i とすると，溶質 i のモル分率 x_i は，溶媒を水とした場合，次のように表される．

$$x_i = \frac{m_i}{m_i + \left(\frac{1000}{M_{H_2O}}\right)} \tag{5.3}$$

ここで M_{H_2O} は水の分子量（18.016）である．溶質 i の重量モル濃度が十分に低い希薄溶液の場合，(5.3) 式は次のように近似される．

$$x_i \cong \left(\frac{M_{H_2O}}{1000}\right) m_i \tag{5.4}$$

これを (5.2) 式に代入すると

$$\mu_i = \left(\mu_i^\circ + RT \ln \left(\frac{M_{H_2O}}{1000}\right) + RT \ln \gamma_i\right) + RT \ln m_i \tag{5.5}$$

となる．希薄溶液ではヘンリーの法則が成り立ち，$\ln \gamma_i$ が一定（$\ln \gamma_i (m_i \to 0) =$ 一定）になるため，(5.5) 式の右辺の括弧内は一定になる．そこで，無限希薄状態を基準として，右辺の括弧内を $\mu_i^\ominus$ で置き換えると (5.5) 式は

$$\mu_i = \mu_i^\ominus + RT \ln m_i \tag{5.6}$$

と書き表すことができる．希薄溶液では，基準は異なるが，溶質に対してもその化学ポテンシャルは理想溶液と同様な形の式で表すことができるため，このような溶液は理想希薄溶液と呼ばれる．溶質の濃度がある程度高くなると理想希薄溶液からのずれが生じるため，その補正項として新たに活動度係数を導入して，その化学ポテンシャルは

$$\mu_i = \mu_i^\ominus + RT \ln m_i + RT \ln \gamma_i \tag{5.7}$$

と書き表される．なお，本書では，これ以降溶質に対する標準化学ポテンシャル $\mu_i^\ominus$ を便宜的に μ_i° と書くことにする．

5.3 溶質の活動度係数

上述したように希薄溶液では，溶質も理想溶液のように振る舞い，(5.6) 式によりその化学ポテンシャルが記述されるが，溶質の濃度が上昇するとイオン間の

静電的相互作用が無視できなくなり，非理想性が現われる．すなわち，(5.7) 式の右辺の第3項が無視できなくなる．イオン間の静電的相互作用に起因する溶質の非理想性は，イオンの分布がボルツマンの分布則に従うとともに，イオン間の静電的相互作用が熱運動エネルギーよりも小さいとの仮定の下，電磁気理論に基づきデバイ–ヒュッケル (Debye and Hückel, 1923) により次のように求められている．

$$\log \gamma_i = -\frac{A z_i^2 \sqrt{I}}{1 + B \mathring{a}_i \sqrt{I}} \tag{5.8}$$

この式は，デバイ–ヒュッケルの式と呼ばれる．ここで，A および B は温度・圧力によって決まる定数であり，水溶液に対しては，次式で表される．

$$A = \frac{1.8248 \times 10^6 \rho_{H_2O}^{1/2}}{(\varepsilon_{H_2O} T)^{3/2}} \ \mathrm{mol}^{-1/2} \cdot \mathrm{dm}^{3/2} \cdot \mathrm{K}^{3/2} \tag{5.9}$$

$$B = \frac{50.292 \times 10^8 \rho_{H_2O}^{1/2}}{(\varepsilon_{H_2O} T)^{1/2}} \ \mathrm{cm}^{-1} \cdot \mathrm{mol}^{-1/2} \cdot \mathrm{dm}^{3/2} \cdot \mathrm{K}^{1/2} \tag{5.10}$$

ここで，ε_{H_2O} は水の比誘電率であり，ρ_{H_2O} は水の密度である．(5.8) 式における z_i はイオン i の価数であり，I は次式で定義されるイオン強度である．

$$I = \frac{1}{2} \sum_i z_i^2 m_i \tag{5.11}$$

$\mathring{a}_i$ は，イオンサイズパラメータまたはイオンの最近接距離と呼ばれ，結晶学的なイオンの大きさ（半径）ではなく，水和したイオンの大きさに関連したパラメータであり，活動度係数を実測値に合わせるための調整パラメータとしての役割も果たしている（表5.2）．例えば，1価のアルカリイオンの場合，結晶学的なイオンの大きさは，原子番号が大きくなるに従い，$\mathrm{Li}^+ < \mathrm{Na}^+ < \mathrm{K}^+ < \mathrm{Rb}^+ < \mathrm{Cs}^+$ の順に大きくなるが，水和イオンの大きさは，この順に水分子との静電的相互作用が小さくなるために水和水分子の数が少なくなり，結晶学的なイオンの大きさとは反対に，原子番号の増加に伴って小さくなる．

溶質濃度が低い場合には，(5.8) 式の分母の第2項を無視することができ，次の式が適用される．

$$\log \gamma_i = -A z_i^2 \sqrt{I} \tag{5.12}$$

表 5.2 水和イオンに対するイオンサイズパラメータ (Kielland, 1937)

価数	イオンサイズパラメータ $a_i \times 10^8$	
1価イオン	9	H^+
	6	Li^+
	4-4.5	$Na^+, CdCl^+, HCO_3^-, H_2PO_4^-$
	3.5	OH^-, F^-, HS^-
	3	$K^+, Cl^-, Br^-, I^-, NO_3^-$
	2.5	$Rb^+, Cs^+, NH_4^+, Tl^+, Ag^+$
2価イオン	8	Mg^{2+}, Be^{2+}
	6	$Ca^{2+}, Cu^{2+}, Zn^{2+}, Sn^{2+}, Mn^{2+}, Fe^{2+}, Ni^{2+}, Co^{2+}$
	5	$Sr^{2+}, Ba^{2+}, Ra^{2+}, Cd^{2+}, Hg^{2+}, S^{2-}, WO_4^{2-}$
	4.5	$Pb^{2+}, CO_3^{2-}, MoO_4^{2-}$
	4	SO_4^{2-}, HPO_4^{2-}
3価イオン	9	$Al^{3+}, Fe^{3+}, Cr^{3+}, Sc^{3+}, Y^{3+}, La^{3+}, In^{3+}, Ce^{3+}, Pr^{3+}, Nd^{3+}, Sm^{3+}$
	4	PO_4^{3-}
4価イオン	11	$Th^{4+}, Zr^{4+}, Ce^{4+}, Sn^{4+}$

これは,デバイ-ヒュッケルの極限則と呼ばれる.反対に,溶質濃度が高い場合には (5.8) 式に補正項 bI を加えた次の経験式が適用される.

$$\log \gamma_i = -\frac{A z_i^2 \sqrt{I}}{1 + B \mathring{a}_i \sqrt{I}} + bI \tag{5.13}$$

この式は,デバイ-ヒュッケルの拡張式と呼ばれる.ここで,b は経験的に求められる係数であるが,bI 項にはイオンの水和によるバルク水を構成する水分子数の減少も反映されている.b の値は表 5.3 に示されている.

一般的に, (5.12) 式のデバイ-ヒュッケルの極限則は,溶質濃度が $0.001\,\mathrm{mol \cdot kg\,H_2O^{-1}}$ 程度までの電解質溶液に適用され, (5.8) 式のデバイ-ヒュッケルの式は $0.1\,\mathrm{mol \cdot kg\,H_2O^{-1}}$ 程度まで, (5.13) 式のデバイ-ヒュッケルの拡張式は数 $\mathrm{mol \cdot kg\,H_2O^{-1}}$ 程度までの電解質水溶液に適用される(図 5.8).

なお,電荷を有しない中性溶存種の活動度係数に関しては 1 とするか,あるいは,表 5.3 に示した NaCl 水溶液中の CO_2 に対する活動度係数を使用するのが一般的である.

表 5.3 デバイ-ヒュッケルの拡張式 ((5.13) 式) の係数 b の値と NaCl 水溶液中の CO_2 の活動度係数 (Helgeson et al., 1969)

	25℃	50℃	100℃	150℃	200℃	250℃	270℃	300℃
b	0.041	0.043	0.046	0.047	0.047	0.034	0.015	0

イオン強度	NaCl 水溶液中の CO_2 の活動度係数							
$I = 1.0$	1.27	1.24	1.20	1.19	1.23	1.34	1.42	1.50
$I = 2.0$	1.57	1.50	1.44	1.40	1.47	1.67	1.83	2.00
$I = 3.0$	1.93	1.80	1.74	1.70	1.74	1.86	2.03	2.29

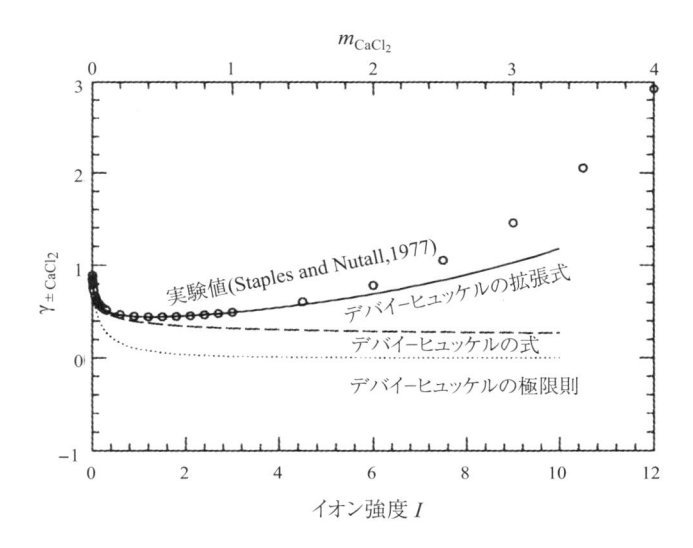

図 5.8 $CaCl_2$ の水溶液中における平均活動度係数 ($\log \gamma_{\pm\,CaCl_2} = \log((\gamma_{Ca^{2+}})(\gamma_{Cl^-})^2)^{1/3}$) の実験値と理論式に基づく計算値 (298.15 K) との比較 (Nordstrom and Munoz, 1994)

5.4 溶存種

電解質溶液を取り扱うにあたり重要な概念が溶存種（溶存化学種）である．水溶液を，原子吸光分析装置や ICP 発光分光分析装置などを使用して分析すると，その中に溶けているナトリウム，カルシウム，亜鉛などの各元素の濃度を知ることができる．例えば塩化物イオンを含む水溶液中では，亜鉛は，Zn^{2+}, $ZnCl^+$,

$ZnCl_2^0$, $ZnCl_3^-$, $ZnCl_4^{2-}$ などとして存在しており，これらが亜鉛の溶存種である．上記の分析ではこれらの亜鉛の溶存種を区別することなく測定するため，得られる濃度は水溶液中の全亜鉛濃度である．

常温・常圧付近では塩化ナトリウムの結晶は，水に溶けて次のように解離し，ナトリウムは Na^+ として，塩素は Cl^- として存在している．

$$NaCl_{結晶} \rightarrow Na^+ + Cl^- \tag{5.14}$$

(5.14) 式において Na^+ および Cl^- は，水溶液中では水和イオンとして存在しているため，厳密には，

$$NaCl_{結晶} \rightarrow Na^+_{aq} + Cl^-_{aq} \tag{5.15}$$

と書かなければならないが，ここでは混乱が生じない限り aq（水を意味するラテン語 aqua の略号）の添字を省略することにする．常温・常圧から温度・圧力が上昇するに従い，Na^+ および Cl^- はイオン会合反応を起こし，$NaCl^0$ と書き表される中性溶存種（イオン会合体および錯体のうち，電荷を有しないもの）が増加する．

$$Na^+ + Cl^- = NaCl^0 \tag{5.16}$$

イオンの水和エネルギーは後で述べるように (6.24) 式で表され，溶媒である水の比誘電率と関係し，比誘電率の低下に伴い水和に伴い放出されるエネルギー（水和エネルギーに反対符号を付したもの）が小さくなる．水の比誘電率は図 5.3 に示すように，温度・圧力依存性が大きく，高温・低圧で小さくなり，1 bar, 25℃ において 78.3 である比誘電率は，600℃，1000 bar では 5.5 となる．このような温度・圧力条件下では水和に伴い放出されるエネルギーが小さくなり，Na^+ および Cl^- は，それぞれ水分子を水和して水和イオンとして別々に存在するよりも，Na^+ および Cl^- が会合して $NaCl^0$ 中性溶存種として存在する方がエネルギー的に安定になる（図 5.9, Quist and Marshall, 1968）．比誘電率の温度・圧力依存性（図 5.3）から推測されるようにイオン会合体（イオン対）あるいは錯体（錯イオン）は高温・低圧条件下で安定になる．アルカリ元素やアルカリ土類元素のようなイオン結合性の強い元素では，一般的に，イオン会合体として中性溶存種までしか生成されず，例えば，塩化カルシウムの場合，

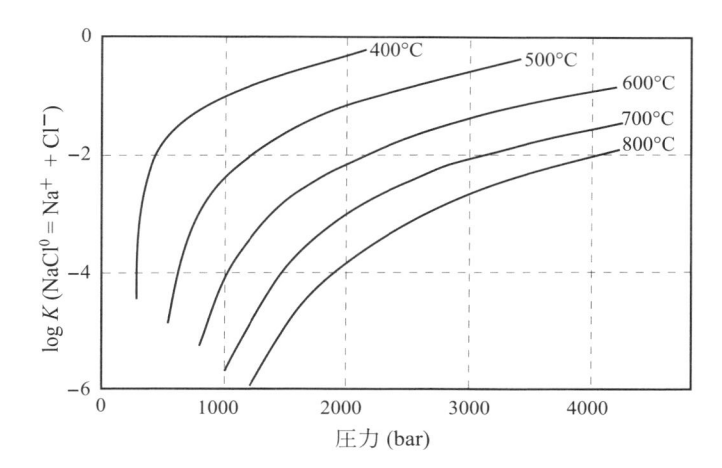

図 5.9 $NaCl^0$ の解離平衡定数 ($\log K$ ($NaCl^0 = Na^+ + Cl^-$)) の温度・圧力依存性 (Quist and Marshall, 1968)

$$Ca^{2+} + Cl^- = CaCl^+ \tag{5.17}$$

$$CaCl^+ + Cl^- = CaCl_2^0 \tag{5.18}$$

のイオン会合反応が生じる．カルシウムイオンは 2 価であることから塩化物イオンとの静電的相互作用がナトリウムのような 1 価のイオンよりも大きく，$CaCl_2^0$ の生成定数（$Ca^{2+} + Cl^- = CaCl^+$ および $CaCl^+ + Cl^- = CaCl_2^0$）は $NaCl^0$ の生成定数よりも大きくなっている (Frantz and Marshall, 1982)．

他方，亜鉛のように配位結合性の強い元素では，錯体を形成し，中性溶存種よりもさらに多くの配位子と結びついた高次錯体が形成される．

$$Zn^{2+} + Cl^- = ZnCl^+ \tag{5.19}$$

$$ZnCl^+ + Cl^- = ZnCl_2^0 \tag{5.20}$$

$$ZnCl_2^0 + Cl^- = ZnCl_3^- \tag{5.21}$$

$$ZnCl_3^- + Cl^- = ZnCl_4^{2-} \tag{5.22}$$

鉱物の溶解度および鉱物-熱水間イオン交換平衡に対する NaCl の影響に関する実験（Fahlquist and Popp, 1989: Cygan et al., 1994: Uchida et al., 1995, 1996 など）や広域 X 線吸収微細構造（EXAFS）に関する測定（Sherman et al., 2000）

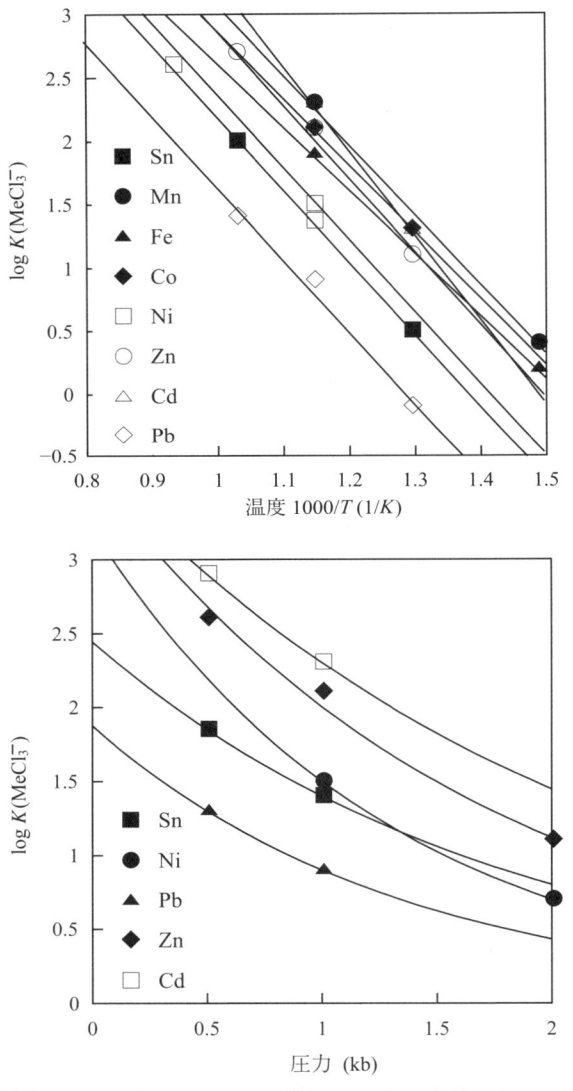

図 5.10 イオン交換平衡に対する NaCl の影響に関する実験などから求められた金属 (Me) トリクロロ錯体の生成定数 K ($MeCl_2^0 + Cl^- = MeCl_3^-$) の温度・圧力依存性. 温度依存性の図 (上図, 1 kb) は, Uchida et al. (1995, 1998, 2002) のデータを基に, 圧力依存性の図 (下図, 600°C) は, Fahlquist and Popp (1989), Cygan et al. (1994), Uchida et al. (1998, 2002) のデータを基に作成.

から遷移金属などの錯体を形成するイオンは高温・高圧の熱水中では，トリクロロ錯体やテトラクロロ錯体のような高次クロロ錯体として存在しており，その生成定数は高温・低圧下で大きくなることが知られている (Uchida et al., 2002)（図 5.10）.

このように，水溶液中での化学平衡を考える場合，溶存種を考慮に入れる必要がある．なお，イオン同士が結合したイオン会合体では，結合において方向性がなく，静電的な力で結合しているが，錯体では方向性をもつ配位結合によって結ばれている．しかし，実際には，イオン会合体と錯体との境界は不明瞭である．

イオン会合体や錯体の生成反応は，Zn^{2+} と Cl^- を例にすると，(5.19)〜(5.22) 式のような形で書き表すことができるが，次のように書き表すこともできる．

$$Zn^{2+} + Cl^- = ZnCl^+ \tag{5.23}$$

$$Zn^{2+} + 2\,Cl^- = ZnCl_2^0 \tag{5.24}$$

$$Zn^{2+} + 3\,Cl^- = ZnCl_3^- \tag{5.25}$$

$$Zn^{2+} + 4\,Cl^- = ZnCl_4^{2-} \tag{5.26}$$

溶存種濃度の計算や岩石・鉱物と熱水との反応を考える場合，後者の (5.23)〜(5.26) 式の形の反応式を用いた方が都合の良いことが多い．後者の場合，反応式の左辺にある Zn^{2+} と Cl^- が独立成分で，右辺にある亜鉛の錯体が従属成分であると考えることができ，次節で述べるように，質量保存式と質量作用式を用いて溶存種濃度を求める場合，独立成分と従属成分を反応式の右辺と左辺とに書き分けることができ，計算過程が明確になることから，後者の形で反応式を書き表すことが多い．

5.5　鉱物と水溶液間の平衡

5.5.1　溶存種濃度の計算

例として，一定量の $ZnCl_2$ を溶解した水溶液中における各溶存種濃度を計算する方法について考える．まず初めに，設定した温度・圧力条件下で考慮すべき溶存種を決定する必要がある．ここでは，HCl^0 が生成しないような低温条件を考

え，次の 6 つの溶存種のみを考慮に入れることにする．

$$\mathrm{Cl^-}, \quad \mathrm{Zn^{2+}}, \quad \mathrm{ZnCl^+}, \quad \mathrm{ZnCl_2^0}, \quad \mathrm{ZnCl_3^-}, \quad \mathrm{ZnCl_4^{2-}}$$

これらの溶存種のうち，$\mathrm{Cl^-}$ および $\mathrm{Zn^{2+}}$ を独立成分とし，この 2 つの独立成分から導き出される $\mathrm{ZnCl^+}$, $\mathrm{ZnCl_2^0}$, $\mathrm{ZnCl_3^-}$, $\mathrm{ZnCl_4^{2-}}$ を従属成分として取り扱う．独立成分と従属成分の選び方には他の組み合わせが存在するが，最も単純な成分を独立成分とした方が従属成分である溶存種の生成反応式を書く場合に単純な式となり都合が良い．これらの溶存種間には亜鉛 ($\sum m_{\mathrm{Zn}}$) と塩素 ($\sum m_{\mathrm{Cl}}$) の全濃度に関して，次の質量保存式が成り立つ．

$$\sum m_{\mathrm{Zn}} = m_{\mathrm{Zn^{2+}}} + m_{\mathrm{ZnCl^+}} + m_{\mathrm{ZnCl_2^0}} + m_{\mathrm{ZnCl_3^-}} + m_{\mathrm{ZnCl_4^{2-}}} \tag{5.27}$$

$$\sum m_{\mathrm{Cl}} = m_{\mathrm{Cl^-}} + m_{\mathrm{ZnCl^+}} + 2m_{\mathrm{ZnCl_2^0}} + 3m_{\mathrm{ZnCl_3^-}} + 4m_{\mathrm{ZnCl_4^{2-}}} \tag{5.28}$$

また，上記の溶存種間において考えられる (5.23)〜(5.26) 式の反応式に対応して，次の質量作用式が書ける．

$$K_{\mathrm{ZnCl^+}} = \frac{a_{\mathrm{ZnCl^+}}}{a_{\mathrm{Zn^{2+}}} a_{\mathrm{Cl^-}}} = \frac{m_{\mathrm{ZnCl^+}}}{m_{\mathrm{Zn^{2+}}} m_{\mathrm{Cl^-}}} \frac{\gamma_{\mathrm{ZnCl^+}}}{\gamma_{\mathrm{Zn^{2+}}} \gamma_{\mathrm{Cl^-}}} \tag{5.29}$$

$$K_{\mathrm{ZnCl_2^0}} = \frac{a_{\mathrm{ZnCl_2^0}}}{a_{\mathrm{Zn^{2+}}} (a_{\mathrm{Cl^-}})^2} = \frac{m_{\mathrm{ZnCl_2^0}}}{m_{\mathrm{Zn^{2+}}} (m_{\mathrm{Cl^-}})^2} \frac{\gamma_{\mathrm{ZnCl_2^0}}}{\gamma_{\mathrm{Zn^{2+}}} (\gamma_{\mathrm{Cl^-}})^2} \tag{5.30}$$

$$K_{\mathrm{ZnCl_3^-}} = \frac{a_{\mathrm{ZnCl_3^-}}}{a_{\mathrm{Zn^{2+}}} (a_{\mathrm{Cl^-}})^3} = \frac{m_{\mathrm{ZnCl_3^-}}}{m_{\mathrm{Zn^{2+}}} (m_{\mathrm{Cl^-}})^3} \frac{\gamma_{\mathrm{ZnCl_3^-}}}{\gamma_{\mathrm{Zn^{2+}}} (\gamma_{\mathrm{Cl^-}})^3} \tag{5.31}$$

$$K_{\mathrm{ZnCl_4^{2-}}} = \frac{a_{\mathrm{ZnCl_4^{2-}}}}{a_{\mathrm{Zn^{2+}}} (a_{\mathrm{Cl^-}})^4} = \frac{m_{\mathrm{ZnCl_4^{2-}}}}{m_{\mathrm{Zn^{2+}}} (m_{\mathrm{Cl^-}})^4} \frac{\gamma_{\mathrm{ZnCl_4^{2-}}}}{\gamma_{\mathrm{Zn^{2+}}} (\gamma_{\mathrm{Cl^-}})^4} \tag{5.32}$$

K_i は従属成分である溶存種 i の生成反応に対する平衡定数（逐次生成定数）である．上記 6 種の溶存種濃度を求めるためには，(5.27) 式および (5.28) 式の質量保存式と (5.29)〜(5.32) 式の質量作用式の計 6 式からなる連立方程式を解けばよい．解き方にはニュートン-ラフソン法などがあるが，最も単純で，初期値に依存しない解き方が逐次近似法である．この場合，まず独立成分の重量モル濃度（$m_{\mathrm{Zn^{2+}}}$ および $m_{\mathrm{Cl^-}}$）がその全濃度に等しいとし，従属成分の重量モル濃度を 0 とする．次に，この初期値を用いて，デバイ-ヒュッケルの式などから各溶

存種の活動度係数を求め，(5.29)〜(5.32) 式の質量作用式を用いて従属成分の重量モル濃度を求める．この段階で求められる各元素 (Cl, Zn) の溶存種濃度の和 ((5.27) 式および (5.28) 式) は，それぞれの元素の全濃度とは異なっているので，質量保存式を満たすように各溶存種濃度を比例配分により調整する．このようにして求められた各溶存種濃度を用いて，各溶存種の活動度係数を求めた後，再度，(5.29)〜(5.32) 式の質量作用式から従属成分の濃度を求める．このような計算を繰り返し，前回の計算結果と新たな計算結果との差が十分に小さくなった時点で計算が収束したとする．

5.5.2 鉱物−水溶液間の平衡計算

例として，25℃，1 bar におけるギブス石 (Gibbsite: $Al(OH)_3$) の溶解度が pH の変化に伴いどのように変化するかを考える．本来は各溶存種の活動度係数を考慮すべきであるが，ここでは，計算を単純化するために重量モル濃度の代わりに活動度を用いて溶解度の計算を行なう．ここで考慮に入れる溶存種は下記の7種である．

$$Al^{3+}, \quad AlOH^{2+}, \quad Al(OH)_2^+, \quad Al(OH)_3^0, \quad Al(OH)_4^-, \quad H^+, \quad H_2O$$

これらの溶存種間には，次の4つの反応式が書け，

$$Al^{3+} + H_2O = AlOH^{2+} + H^+ \tag{5.33}$$

$$Al^{3+} + 2H_2O = Al(OH)_2^+ + 2H^+ \tag{5.34}$$

$$Al^{3+} + 3H_2O = Al(OH)_3^0 + 3H^+ \tag{5.35}$$

$$Al^{3+} + 4H_2O = Al(OH)_4^- + 4H^+ \tag{5.36}$$

これらの反応式に対して次の質量作用式が書ける．

$$K_{AlOH^{2+}} = \frac{a_{AlOH^{2+}} a_{H^+}}{a_{Al^{3+}} a_{H_2O}} = 10^{-5} \tag{5.37}$$

$$K_{Al(OH)_2^+} = \frac{a_{Al(OH)_2^+} (a_{H^+})^2}{a_{Al^{3+}} (a_{H_2O})^2} = 10^{-10} \tag{5.38}$$

$$K_{Al(OH)_3^0} = \frac{a_{Al(OH)_3^0} (a_{H^+})^3}{a_{Al^{3+}} (a_{H_2O})^3} = 10^{-16} \tag{5.39}$$

$$K_{\mathrm{Al(OH)_4^-}} = \frac{a_{\mathrm{Al(OH)_4^-}}(a_{\mathrm{H^+}})^4}{a_{\mathrm{Al^{3+}}}(a_{\mathrm{H_2O}})^4} = 10^{-22} \tag{5.40}$$

上記の反応に対する平衡定数は Nordstrom and Munoz (1994) による．アルミニウムの溶存種として $\mathrm{Al^{3+}}$ を用いた場合，ギブス石の溶解反応は次のように書くことができる．

$$\mathrm{Al(OH)_{3,Gib}} + 3\,\mathrm{H^+} = \mathrm{Al^{3+}} + 3\mathrm{H_2O} \tag{5.41}$$

この反応に対する平衡定数は次のように書き表される (Nordstrom and Munoz, 1994)．

$$K_{\mathrm{Gib}} = \frac{a_{\mathrm{Al^{3+}}}(a_{\mathrm{H_2O}})^3}{a_{\mathrm{Gib}}(a_{\mathrm{H^+}})^3} = 10^{8.11} \tag{5.42}$$

ギブス石が純粋な鉱物で固溶体を形成せず，かつ，水の活動度が 1 であるとすると，(5.42) 式から次の式が導かれる．

$$\log a_{\mathrm{Al^{3+}}} = 8.11 - 3\,\mathrm{pH} \tag{5.43}$$

なお，定義より $\mathrm{pH} = -\log a_{\mathrm{H^+}}$ である．水溶液の pH を決めることにより (5.43) 式から $\mathrm{Al^{3+}}$ の活動度（濃度）が求められる．他のアルミニウムの溶存種の活動

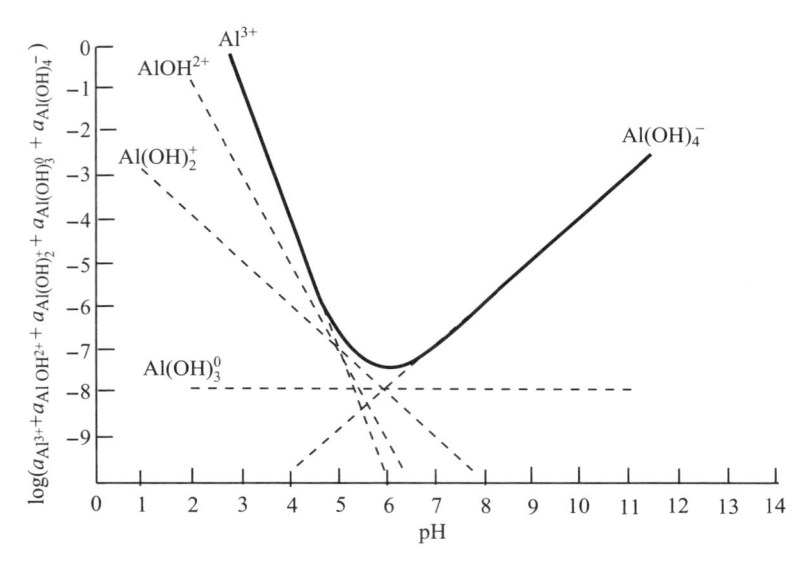

図 5.11 ギブス石の溶解度と pH との関係 (25℃, 1 bar) (Nordstrom and Munoz, 1994)

度は，求められた Al^{3+} の活動度を (5.37)〜(5.40) 式に代入することにより得られる．最終的にギブス石の溶解度は，アルミニウムの各溶存種の活動度を足し合わせることにより求められる（図 5.11）．

$$\sum a_{Al} = a_{Al^{3+}} + a_{AlOH^{2+}} + a_{Al(OH)_2^+} + a_{Al(OH)_3^0} + a_{Al(OH)_4^-} \tag{5.44}$$

$$= 10^{-3\,\mathrm{pH}+8.11} + 10^{-2\,\mathrm{pH}+3.11} + 10^{-\mathrm{pH}-1.89} + 10^{-7.89} + 10^{\mathrm{pH}-13.89} \tag{5.45}$$

計算結果より，ギブス石の溶解度は pH が低い領域ならびに高い領域で大きくなることが分かる．また，pH が 5 以下の領域では Al^{3+} が優勢溶存種であるが，pH が 6 以上では $Al(OH)_4^-$ が優勢溶存種であり，その中間の pH では $Al(OH)_2^+$ が優勢溶存種であることがわかる．

5.5.3 活動度図

鉱物の安定性と水溶液中のイオンの活動度との関係を示した図を活動度図という．図 5.12 は，SiO_2 に飽和した条件下での Na_2O-K_2O-Al_2O_3-SiO_2-H_2O 系における鉱物（曹長石，カオリナイト，白雲母，カリ長石，パラゴナイト，パイロフィライト，藍晶石）の安定性を示した活動度図であり，水溶液中の H^+ の活動度に対する Na^+ および K^+ の活動度の比が両軸にとられている．ここでは，例として，25℃，1 bar における次の曹長石と白雲母との間の反応を考える．

$$3\,NaAlSi_3O_8(曹長石) + K^+ + 2\,H^+$$
$$= KAl_3Si_3O_{10}(OH)_2(白雲母) + 6\,SiO_2(石英) + 3\,Na^+ \tag{5.46}$$

この反応に対して，平衡において次の関係が得られる．

$$\begin{aligned}
\Delta G_r &= \mu_{白雲母} + 6\mu_{石英} + 3\mu_{Na^+} - 3\mu_{曹長石} - \mu_{K^+} - 2\mu_{H^+} \\
&= \mu^\circ_{白雲母} + 6\mu^\circ_{石英} + 3(\mu^\circ_{Na^+} + RT \ln a_{Na^+}) \\
&\quad - 3\mu^\circ_{曹長石} - (\mu^\circ_{K^+} + RT \ln a_{K^+}) - 2(\mu^\circ_{H^+} + RT \ln a_{H^+}) \\
&= \Delta G^\circ_r + RT \ln \left(\frac{a_{Na^+}}{a_{H^+}}\right)^3 \left(\frac{a_{H^+}}{a_{K^+}}\right) = 0
\end{aligned} \tag{5.47}$$

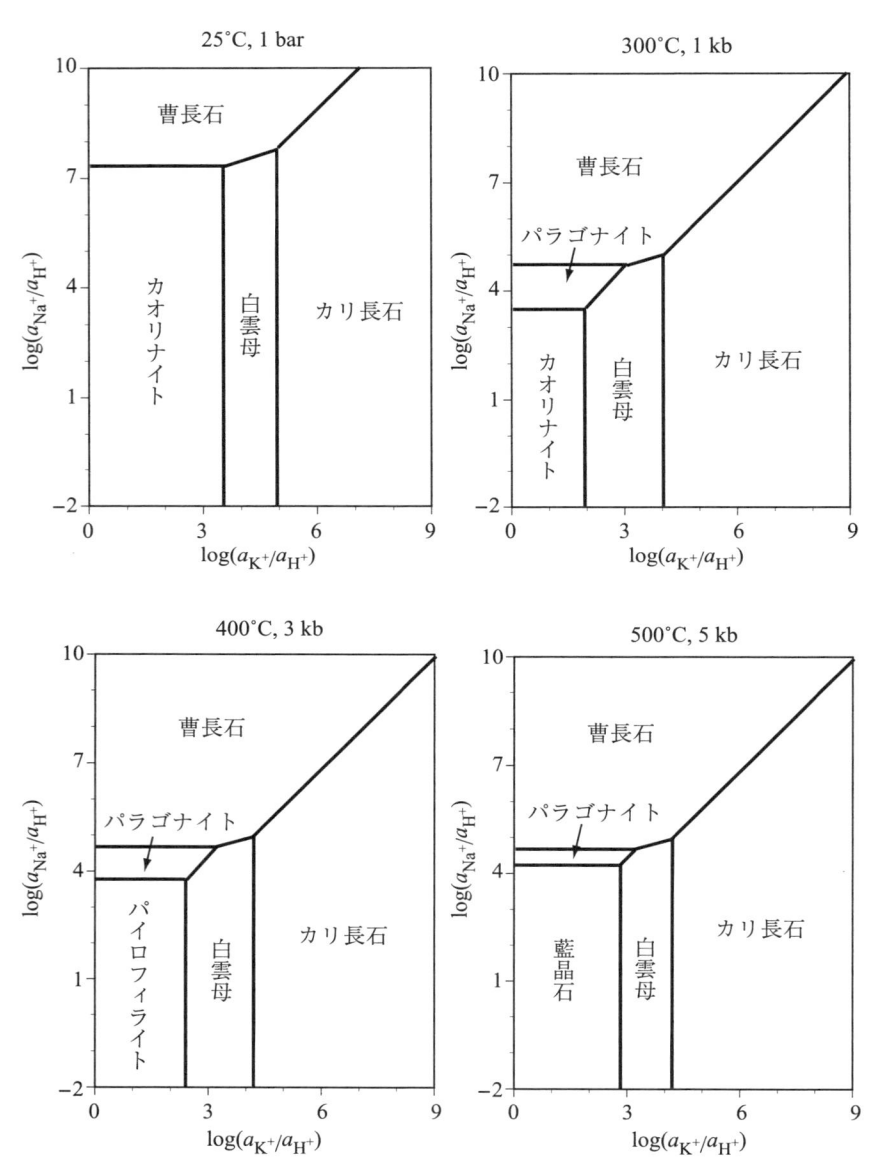

図 5.12 SiO_2 に飽和した条件下における Na_2O-K_2O-Al_2O_3-SiO_2-H_2O 系の活動度図 (Bowers *et al.*, 1984)

ここでは，各鉱物は固溶体を形成しないとする．また，

$$\Delta G_{\mathrm{r}}^{\circ} = \mu_{\text{白雲母}}^{\circ} + 6\mu_{\text{石英}}^{\circ} + 3\mu_{\mathrm{Na^+}}^{\circ} \\ -3\mu_{\text{曹長石}}^{\circ} - \mu_{\mathrm{K^+}}^{\circ} - 2\mu_{\mathrm{H^+}}^{\circ} \tag{5.48}$$

である．25℃, 1 bar における各鉱物の標準生成ギブスエネルギーを Helgeson et al. (1978) より，また，各イオンに対する標準生成ギブスエネルギーを Helgeson et al. (1981) より引用すると，$\Delta G_{\mathrm{r}}^{\circ} = -106.87\,\mathrm{kJ}$ と求められ，(5.47) 式から次の関係式が得られる．

$$\log\left(\frac{a_{\mathrm{Na^+}}}{a_{\mathrm{H^+}}}\right) = \frac{1}{3}\log\left(\frac{a_{\mathrm{K^+}}}{a_{\mathrm{H^+}}}\right) + 6.24 \tag{5.49}$$

実際の計算では第 4 章で述べたように，対象とする鉱物に対して考えられるすべての反応式をたて，これらに対する平衡曲線を求めた後，各不変点周りにおける平衡曲線の安定性に関する条件を基に各平衡曲線の安定領域を求めることにより図 5.12 に示す活動度図が得られる．

なお，Bowers et al. (1984) には，曹長石，白雲母および石英に対する次の溶解反応に対して，平衡定数の対数値が，それぞれ 3.10, 14.56, −4.00 と与えられている．

$$\mathrm{NaAlSi_3O_8 + 4H^+ = Na^+ + Al^{3+} + 3SiO_{2aq}^{\circ} + 2H_2O} \tag{5.50}$$

$$\mathrm{KAl_3Si_3O_{10}(OH)_2 + 10H^+ = K^+ + 3Al^{3+} + 3SiO_{2aq}^{\circ} + 6H_2O} \tag{5.51}$$

$$\mathrm{SiO_2 = SiO_{2aq}^{\circ}} \tag{5.52}$$

これらの値から (5.46) 式の反応式に対する平衡定数の対数値 ($\log K((5.46)$ 式$) = 3 \times \log K((5.20)$ 式$) - \log K((5.51)$ 式$) - 6\log K((5.52)$ 式$))$ は 18.74 と求められ，最終的に (5.49) 式と同じ式が得られる（データの出典は同じである）．

このような活動度図では単純イオンの活動度が軸にとられており，他の溶存種濃度に関する情報が入っていないので，その利用には注意が必要である．単純イオン（例えば，$\mathrm{Na^+}$ や $\mathrm{K^+}$ など）が優勢溶存種である比較的温度の低い条件下において，このような活動度図は有効であるが，イオン会合体や錯体が多く存在するような条件下では定性的な意味しか持たなくなる．

5.5.4 $\log f_{O_2}$-pH 図

第 4 章 4.8 節において，Fe-O_2-S_2 系における $\log f_{O_2}$-$\log f_{S_2}$ 図（実際には $RT \ln f_{O_2}$-$RT \ln f_{S_2}$ 図）の作成法を示したが，水が関与した系では，イオウが水に溶解して各種溶存種として存在するとともに，イオウ溶存種の濃度が pH に依存して変化するため，このような系では，$\log f_{O_2}$-pH 図（図 5.13(b)）として鉱物の安定性が示される．

Fe-O_2-S_2-H_2O 系における $\log f_{O_2}$-pH 図を作成するにあたり，まず，溶存種の安定性，すなわち，$\log f_{O_2}$-pH 図のどの領域においてどのイオウ溶存種が優勢溶存種になるか，その領域を決める必要がある．イオウ溶存種として，一般的に次の 6 種が考慮に入れられる．

$$H_2SO_4^0, \quad HSO_4^-, \quad SO_4^{2-}, \quad H_2S^0, \quad HS^-, \quad S^{2-}$$

例えば，HSO_4^- と H_2S^0 の境界は，次のようにして求められる．この 2 つの溶存種間には，次の反応式が成り立つ．

$$HSO_4^- + H^+ = H_2S^0 + 2O_2 \tag{5.53}$$

この反応に対するギブスエネルギー変化は

$$\begin{aligned} \Delta G_r &= \Delta G_r^\circ + RT \ln a_{H_2S^0} + 2RT \ln f_{O_2} - RT \ln a_{HSO_4^-} - RT \ln a_{H^+} \\ &= \Delta G_r^\circ + RT \ln(\gamma_{H_2S^0} m_{H_2S^0}) + 2RT \ln f_{O_2} \\ &\quad - RT \ln(\gamma_{HSO_4^-} m_{HSO_4^-}) - RT \ln a_{H^+} \end{aligned} \tag{5.54}$$

となる．ここで，

$$\Delta G_r^\circ = \mu_{H_2S^0}^\circ[T,P] + 2\mu_{O_2}^\circ[T,1] - \mu_{HSO_4^-}^\circ[T,P] - \mu_{H^+}^\circ[T,P] \tag{5.55}$$

である．なお，水和溶存種のギブスエネルギーに対しては水素イオンを基準とすることから

$$\mu_{H^+}^\circ[T,P] = 0 \tag{5.56}$$

である．平衡では $\Delta G_r = 0$ であり，$m_{H_2S^0} = m_{HSO_4^-}$ となるところがこの 2 つのイオウ溶存種がそれぞれ優勢溶存種となる領域の境界であり，(5.54) 式から次の

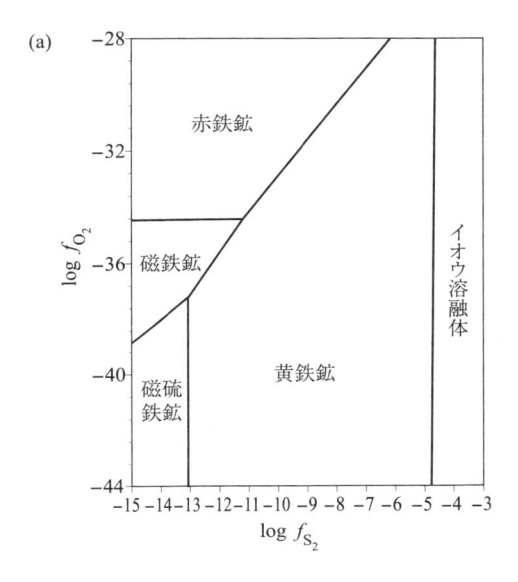

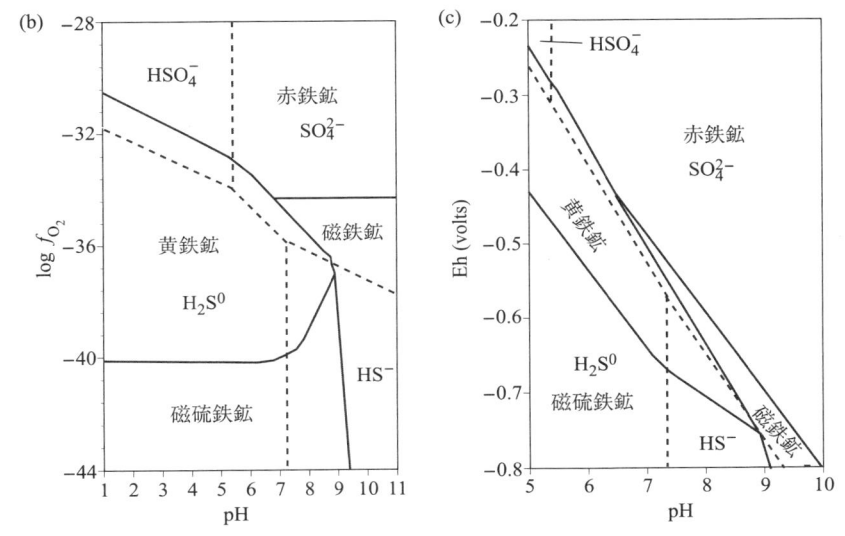

図 5.13　250℃, 40 bar における Fe - O_2 - S_2 - H_2O 系の相平衡図. (a) $\log f_{O_2}$ - $\log f_{S_2}$ 図, (b) $\log f_{O_2}$ - pH 図, (c) Eh - pH 図. イオン強度 = 1.0, 全イオウ濃度 = 0.02 mol · kg H_2O^{-1} の条件下で計算. 実線は鉱物の安定境界, 破線は優勢イオウ溶存種の境界を示す (Barton and Skinner, 1979).

関係式が得られる．

$$\log f_{O_2} = -\frac{\text{pH}}{2} - \frac{\Delta G_r^\circ}{2 \cdot 2.303\, RT} + \frac{\log \gamma_{HSO_4^-} - \log \gamma_{H_2S^0}}{2} \quad (5.57)$$

なお，ここではイオン強度 $I = 1.0$，全イオウ濃度 $= 0.02\,\text{mol}\cdot\text{kgH}_2\text{O}^{-1}$ として計算が行なわれている．他のイオウ溶存種間の境界も同様な方法により求められる．このようにして求められたイオウの優勢溶存種の領域が図 5.13(b) において破線で示されている．

Fe-O_2-S_2-H_2O 系における鉱物間の平衡曲線は，このようにして得られたイオウの優勢溶存種の安定領域に基づいて求められる．例として，ここでは，磁鉄鉱と黄鉄鉱が関与した平衡曲線を考える．どのイオウ溶存種が優勢溶存種である領域においてこの 2 鉱物の関与した平衡曲線が安定になるかはわからないので，実際の計算では，すべてのイオウ溶存種に対して計算を実行する必要がある．ここでは，SO_4^{2-} が優勢溶存種であるとした場合の計算例を示す．この場合の磁鉄鉱と黄鉄鉱との間の反応式は次のように書ける．

$$\text{Fe}_3\text{O}_4 + 6\text{SO}_4^{2-} + 12\text{H}^+ = 3\text{FeS}_2 + 6\text{H}_2\text{O} + 11\text{O}_2 \quad (5.58)$$

この反応に対するギブスエネルギー変化は

$$\Delta G_r = \Delta G_r^\circ + 6RT \ln a_{H_2O} + 11RT \ln f_{O_2} - 6RT \ln a_{SO_4^{2-}} - 12RT \ln a_{H^+} \quad (5.59)$$

となる．ここで，

$$\begin{aligned}\Delta G_r^\circ =\ & 3\mu_{FeS_2}^\circ[T,P] + 6\mu_{H_2O}^\circ[T,P] + 11\mu_{O_2}^\circ[T,1] \\ & - \mu_{Fe_3O_4}^\circ[T,P] - 6\mu_{SO_4^{2-}}^\circ[T,P] - 12\mu_{H^+}^\circ[T,P] \end{aligned} \quad (5.60)$$

である．平衡において (5.59) 式は次のようになる．ただし，ここでは磁鉄鉱と黄鉄鉱はそれぞれ固溶体を形成せず純粋な鉱物であるとし，また，$a_{H_2O} = 1$ とする．

$$\log f_{O_2} = -\frac{12}{11}\text{pH} + \frac{6}{11}\log a_{SO_4^{2-}} - \frac{\Delta G_r^\circ}{11 \cdot 2.303 RT} \quad (5.61)$$

イオウ溶存種の全濃度とイオン強度を与えると $a_{SO_4^{2-}} = \gamma_{SO_4^{2-}} m_{SO_4^{2-}}$ が決まり，これを基に磁鉄鉱と黄鉄鉱の関与した平衡曲線を描くことができる．得られた平

衡曲線のうち，SO_4^{2-} が優勢溶存種である領域を通るところのみが安定な平衡曲線となる．すべてのイオウ溶存種に対して同様の計算を行なうことにより平衡曲線が求められる．その他の 2 鉱物の組み合わせに対しても同様な計算手続きを踏むことによって図 5.13(b) の $\log f_{O_2}$-pH 図が作成される．

5.5.5 Eh-pH 図

前項の $\log f_{O_2}$-pH 図では，酸素分圧を縦軸としているが，酸素分圧の代わりに酸化還元電位 (Eh) を軸にとった Eh-pH 図（図 5.13(c)）として表現することも可能である．特に常温・常圧付近では，pH と同様に，酸化還元電位は電極を用いて測定することができるため，$\log f_{O_2}$-pH 図よりも Eh-pH 図として表現した方が実用的である．

$\log f_{O_2}$-pH 図から Eh-pH 図への変換は，形式的に反応式中の酸素を次のように置き換えればよい．

$$O_2 = 2H_2O - 4H^+ - 4e^- \tag{5.62}$$

ここで，e^- は電子を表す．例えば，上述の (5.58) 式は，次のように書き換えられる．

$$Fe_3O_4 + 6SO_4^{2-} + 12H^+ = 3FeS_2 + 6H_2O + 11(2H_2O - 4H^+ - 4e^-) \tag{5.63}$$

よって

$$Fe_3O_4 + 6SO_4^{2-} + 56H^+ + 44e^- = 3FeS_2 + 28H_2O \tag{5.64}$$

となる．この反応に対するギブスエネルギー変化は次のように書ける．

$$\begin{aligned}
\Delta G_r &= \Delta G_r^\circ + 28RT \ln a_{H_2O} - 6RT \ln a_{SO_4^{2-}} - 56RT \ln a_{H^+} \\
&\quad - 44\mu_{e^-} \\
&= \Delta G_r^\circ + 2.303 \cdot 28RT \log a_{H_2O} - 2.303 \cdot 6RT \log a_{SO_4^{2-}} \\
&\quad + 2.303 \cdot 56RT \cdot \text{pH} + 44F \cdot \text{Eh}
\end{aligned} \tag{5.65}$$

ここで，

$$\Delta G_r^\circ = 3\mu_{FeS_2}^\circ[T, P] + 28\mu_{H_2O}^\circ[T, P]$$

$$-\mu^\circ_{Fe_3O_4}[T,P] - 6\mu^\circ_{SO_4^{2-}}[T,P] - 56\mu^\circ_{H^+}[T,P] \tag{5.66}$$

である．F はファラデー定数で，$F = 96485\,\mathrm{C\cdot mol^{-1}}(\mathrm{J\cdot volt^{-1}\cdot mol^{-1}})$ である．また，定義より

$$\mu_{e^-}[T,P] = -F\cdot \mathrm{Eh} \tag{5.67}$$

である．$a_{H_2O} = 1$ とすると平衡において次の関係式が得られる．

$$\mathrm{Eh} = -\frac{2.303\cdot 56RT\cdot \mathrm{pH}}{44F} + \frac{2.303\cdot 6RT\log a_{SO_4^{2-}}}{44F} - \frac{\Delta G^\circ_r}{44F} \tag{5.68}$$

イオウ溶存種の全濃度とイオン強度を与えれば $a_{SO_4^{2-}}$ が決まり，磁鉄鉱と黄鉄鉱間の平衡曲線を描くことができる．同様の手続きを，優勢溶存種の計算および2鉱物間の平衡曲線の計算に対して行なうことにより，図 5.13(c) の Eh-pH 図が得られる．

第6章
岩石−水相互作用の熱力学

6.1 岩石−水相互作用

　第5章では，鉱物と水との平衡に対する熱力学的取り扱い方について述べた．岩石は，鉱物の集合体であることから，鉱物−水相互作用に対する熱力学的な取り扱い方を鉱物集合体に拡張することにより岩石−水相互作用を熱力学的に取り扱うことができる．ここでは，岩石のみならず共存する水（熱水）を採取することが可能である地熱系を1つの例として取り挙げ，岩石−水相互作用に対する熱力学的取り扱い方について説明する．地熱系に対してこのような計算を行なうことにより，溶存種に対する熱力学的データの信頼性に関する検証を行なうことができることから，地熱系に対する岩石−水相互作用の熱力学的な計算は大変重要な意味をもつ．

6.1.1 系の決定

　計算を行なうにあたり，まずは，取り扱う系を決定する必要がある．岩石−水相互作用を取り扱う場合，系は，固相である岩石と液相である水（熱水）とに分けられる．岩石に対してはどのような鉱物が対象の系において出現しうるかを推測し，これらの鉱物を計算に組み入れる．また，水（熱水）に対しても，対象の系において水を含めてどのような溶存種が存在しうるかを推測し，可能性のある溶存種すべてを考慮に入れる必要がある．地熱系を取り扱う場合に考慮すべき溶存種の一例を表6.1に示す．表6.1では，計54の溶存種が掲載されている（溶存種の表記法はJohnson et al. (1992)に基づく：尾形・内田，2004）．これらの溶

表 6.1 地熱熱水系を取り扱う場合に考慮に入れるべき溶存種と独立成分および従属成分の選び方の一例（尾形・内田，2004）

独立成分		従属成分					
1	$HSiO_3^-$	15	SiO_2^0	$= H^+ - H_2O + HSiO_3^-$	36	$MgOH^+$	$= Mg^{2+} + H_2O - H^+$
2	Na^+	16	$NaCl^0$	$= Na^+ + Cl^-$	37	$Fe^{3+} = AD$	$= Fe^{2+} + \frac{9}{8}H^+ + \frac{1}{8}SO_4^{2-}$
3	K^+	17	$NaHSiO_3^0$	$= Na^+ + HSiO_3^-$			$- \frac{1}{2}H_2O - \frac{1}{8}HS^-$
4	Ca^{2+}	18	$NaSO_4^-$	$= Na^+ + SO_4^{2-}$	38	$FeCl^+$	$= Fe^{2+} + Cl^-$
5	Mg^{2+}	19	$NaOH^0$	$= Na^+ + H_2O - H^+$	39	$FeCl_2^+$	$= AD + Cl^-$
6	Fe^{2+}	20	KCl^0	$= K^+ + Cl^-$	40	$FeCl_2^0$	$= Fe^{2+} + 2Cl^-$
7	Al^{3+}	21	$KHSO_4^0$	$= K^+ + SO_4^{2-} + H^+$	41	$FeOH^+$	$= Fe^{2+} + H_2O - H^+$
8	CO_3^{2-}	22	KSO_4^-	$= K^+ + SO_4^{2-}$	42	$FeOH^{2+}$	$= AD + H_2O - H^+$
9	SO_4^{2-}	23	KOH^0	$= K^+ + H_2O - H^+$	43	$AlOH^{2+}$	$= Al^{3+} + H_2O - H^+$
10	HS^-	24	$CaSO_4^0$	$= Ca^{2+} + SO_4^{2-}$	44	HCO_3^-	$= H^+ + CO_3^{2-}$
11	Cl^-	25	$CaCO_3^0$	$= Ca^{2+} + CO_3^{2-}$	45	HSO_4^-	$= H^+ + SO_4^{2-}$
12	NH_4^+	26	$CaHCO_3^+$	$= Ca^{2+} + H^+ + CO_3^{2-}$	46	H_2S^0	$= H^+ + HS^-$
13	H^+	27	$CaHSiO_3^+$	$= Ca^{2+} + HSiO_3^-$	47	HCl^0	$= H^+ + Cl^-$
14	H_2O	28	$CaCl^+$	$= Ca^{2+} + Cl^-$	48	NH_3^0	$= NH_4^+ - H^+$
		29	$CaCl_2^0$	$= Ca^{2+} + 2Cl^-$	49	OH^-	$= H_2O - H^+$
		30	$CaOH^+$	$= Ca^+ + H_2O - H^+$	50	CO_2^0	$= CO_3^{2-} - H_2O + 2H^+$
		31	$MgSO_4^0$	$= Mg^{2+} + SO_4^{2-}$	51	$HAlO_2^0$	$= Al^{3+} + 2H_2O - 3H^+$
		32	$MgCO_3^0$	$= Mg^{2+} + CO_3^{2-}$	52	AlO_2^-	$= Al^{3+} + 2H_2O - 4H^+$
		33	$MgHCO_3^+$	$= Mg^{2+} + H^+ + CO_3^{2-}$	53	AlO^+	$= Al^{3+} + H_2O - 2H^+$
		34	$MgHSiO_3^+$	$= Mg^{2+} + HSiO_3^-$	54	FeO^0	$= Fe^{2+} + H_2O - 2H^+$
		35	$MgCl^+$	$= Mg^{2+} + Cl^-$			

存種のうち，系を記述するために必要な最小限の数の溶存種が独立成分となり，その他の溶存種は独立成分から導き出される従属成分とみなされる．独立成分の選び方は一義的ではなく，いろいろな組み合わせが存在するが，反応式をできるだけ単純化するために，単純な組成をもつ溶存種を独立成分とすることが望ましい．ここでは，表6.1の1～14の成分を独立成分とし，残りの15～54の成分を従属成分として取り扱う．すべての従属成分は，1～14の独立成分から表6.1に示した反応式から導き出すことができる．なお，イオウの溶存種に関しては還元イオウ溶存種である HS^- と酸化イオウ溶存種である SO_4^{2-} の2つを独立成分としている．ここでは，還元イオウ溶存種と酸化イオウ溶存種間の反応速度が遅いた

め，地熱貯留層から熱水が上昇する過程で還元イオウ溶存種と酸化イオウ溶存種間において反応が生じない，すなわち，還元イオウ溶存種と酸化イオウ溶存種のそれぞれに対して質量保存が成り立つことを仮定している (Henley et al., 1984). このことは，熱水の酸化・還元状態は還元イオウ溶存種と酸化イオウ溶存種によって支配されていることを示している．それゆえ，鉄の溶存種に関しては独立成分を Fe^{2+} とし，Fe^{3+} は表 6.1 に示す通り，独立成分である Fe^{2+}, H^+, SO_4^{2-}, HS^- および H_2O から導き出される.

6.1.2　pH 測定温度における溶存種濃度の計算

　計算の第一段階として，水（熱水）の pH を測定した温度（地表条件下）における溶存種濃度の計算を行なう．計算方法は，基本的に第 5 章 5.5.1 項で示した方法と同じである．計算に必要な式は，独立成分の数と同じ数の質量保存式と従属成分の数と同じ数の質量作用式であり，これらの式を逐次近似法などを用いて解くことにより各溶存種の重量モル濃度が求められる．この例では，独立成分の数に等しい 14 の質量保存式と従属成分の数に等しい 40 の質量作用式の計 54 の式を解くことにより未知数である 54 の溶存種濃度が求められる．例えば，独立成分 $HSiO_3^-$ に対応して SiO_2 の全濃度に関する質量保存式は次のように書くことができる．

$$\sum m_{SiO_2} = m_{HSiO_3^-} + m_{SiO_2^0} + m_{NaHSiO_3^0} + m_{CaHSiO_3^+} + m_{MgHSiO_3^+} \tag{6.1}$$

同様に，他の 13 の独立成分に対応して 13 の質量保存式を書くことができる．また，従属成分 SiO_2^0 は，独立成分 H^+, H_2O および $HSiO_3^-$ を用いて次のように導き出されることから，

$$SiO_2^0 = H^+ - H_2O + HSiO_3^- \tag{6.2}$$

SiO_2^0 に対する質量作用式は次のように書ける．

$$K_{SiO_2^0} = \frac{a_{H^+} a_{HSiO_3^-}}{a_{SiO_2^0} a_{H_2O}} = \frac{m_{H^+} m_{HSiO_3^-}}{m_{SiO_2^0} m_{H_2O}} \frac{\gamma_{H^+} \gamma_{HSiO_3^-}}{\gamma_{SiO_2^0} \gamma_{H_2O}} \tag{6.3}$$

よって，

$$m_{SiO_2^0} = \frac{1}{K_{SiO_2^0}} \frac{m_{H^+} m_{HSiO_3^-}}{m_{H_2O}} \frac{\gamma_{H^+} \gamma_{HSiO_3^-}}{\gamma_{SiO_2^0} \gamma_{H_2O}} \tag{6.4}$$

となる.同様に,他の39の従属成分に対応して39の質量作用式が書ける.なお,一般的には,水の活動度は1とされる.また,水素イオン濃度は活動度係数がわかればpHから求めることができる.電荷をもつ溶存種に対する活動度係数は,(5.13)式のデバイ–ヒュッケルの拡張式などを用いて求められる.

　計算における初期値の設定としては,独立成分の濃度がそれに対応した成分の分析値(全濃度)に等しいとするのが最も簡単な方法である.したがって,従属成分の初期濃度は0となる.このような初期値を基に,各溶存種に対して活動度係数を計算し,(6.4)式などの40の質量作用式を用いて従属成分の濃度を求める.次に,(6.1)式などの14の質量保存式を用いて,各成分の濃度の和が質量保存式を満たすように比例配分することにより濃度調整を行なう.このようにして得られた各溶存種濃度を基に,質量作用式に基づく従属成分濃度の計算,そして,質量保存式に基づく濃度調整を繰り返し,新たに求められた各溶存種濃度と,その1つ手前の計算段階で求められた各溶存種濃度との差が十分に小さくなった時点で計算が収束したと判断する.

　計算が収束した後,pH測定温度以外の温度(地熱貯留層)における溶存種濃度の計算を行なうが,この計算に先立ち,水素イオンに関する質量保存式であるイオン化可能な水素イオン濃度 (m_{TOTH}: total ionizable hydrogen ion) を求める.イオン化可能な水素イオン濃度は,独立成分の取り方によって異なるが,表6.1に示したように従属成分が独立成分に解離する際に放出される水素イオンの数から求められる.SiO_2^0 の場合,その数は+1であり,$NaOH^0$ の場合は−1となる.上述した系に対しては,m_{TOTH} は次のように求められる.

$$\begin{aligned}
m_{\mathrm{TOTH}} =\ & m_{SiO_2^0} - m_{NaOH^0} + m_{KHSO_4^0} - m_{KOH^0} + m_{CaHCO_3^+} - m_{CaOH^+} \\
& + m_{MgHCO_3^+} - m_{MgOH^+} + \tfrac{9}{8} m_{Fe^{3+}} + \tfrac{9}{8} m_{FeCl^{2+}} - m_{FeOH^+} \\
& + \tfrac{1}{8} m_{FeOH^{2+}} - m_{AlOH^{2+}} + m_{HCO_3^-} + m_{HSO_4^-} + m_{H_2S^0} + m_{HCl^0} - m_{NH_3^0} \\
& - m_{OH^-} + 2 m_{CO_2^0} - 3 m_{HAlO_2^0} - 4 m_{AlO_2^-} - 2 m_{AlO^+} - 2 m_{FeO^0} + m_{H^+}
\end{aligned}$$

(6.5)

6.1.3 pH 測定温度以外の温度における溶存種濃度の計算

pH 測定温度以外の温度（地熱貯留層）における溶存種濃度を求める場合，イオン化可能な水素イオン濃度に関する (6.5) 式を考慮に入れて計算を行なう．例えば，海水を熱したとき，ある温度でどのような鉱物が沈殿するかを予測するような場合には，単に海水の分析値を基に計算を行なえばよいが，地熱系の場合のように，熱水が地熱貯留層から地表まで上昇する過程で液相（熱水）と気相（水蒸気）とに分離する場合には，分離した水蒸気を熱水に戻した上で計算を実行する必要がある．

地熱貯留層において熱水 1 相が存在し，それが断熱条件下で上昇し，地表において熱水と水蒸気とに分離したと仮定した場合，地表における熱水と水蒸気の割合は，エンタルピー保存則から次のように求められる．

$$H_{\text{res}} = (1-y)H_l + yH_v \tag{6.6}$$

ここで，H_{res} は貯留層 (res: reservoir) 条件下における熱水のエンタルピー（飽和水蒸気圧曲線上にあると仮定），H_v は地表条件下（熱水と水蒸気の分離温度）における水蒸気のエンタルピー，H_l は地表条件下における熱水のエンタルピー，y は地表条件下で分離した水蒸気の割合である．熱水および水蒸気のエンタルピーは Keenan et al. (1969) の蒸気表などから得ることができ，(6.6) 式から水蒸気の割合 y は次のように求められる．

$$y = \frac{H_{\text{res}} - H_l}{H_v - H_l} \tag{6.7}$$

水蒸気中には CO_2 と H_2S が含まれているため，地熱貯留層の熱水中における両成分の全濃度は，熱水と水蒸気を次のように合わせることにより求められる．

$$\sum m_{\text{res},CO_2} = (1-y)\sum m_{l,CO_2} + y m_{v,CO_2} \tag{6.8}$$

$$\sum m_{\text{res},S(\text{reduced})} = (1-y)\sum m_{l,S(\text{reduced})} + y m_{v,H_2S} \tag{6.9}$$

ここで，S (reduced) は還元イオウ溶存種を示す．他の成分の地熱貯留層の熱水中における全濃度は次のようになる．

$$\sum m_{\text{res},i} = (1-y)\sum m_{l,i} \tag{6.10}$$

また，地熱貯留層の熱水に対するイオン化可能な水素イオン濃度は，

$$m_{\mathrm{res,TOTH}} = (1-y)m_{\mathrm{l,TOTH}} + y(m_{\mathrm{v,H_2S}} + 2m_{\mathrm{v,CO_2}}) \tag{6.11}$$

と求められる．pH 測定温度以外の温度における溶存種濃度は，上記の (6.8)～(6.11) 式の水蒸気補正を施した後の熱水中の各成分に対する全濃度を用いて，pH 測定温度における計算と同様な方法を用いて求められる．ただし，この計算では，水素イオン濃度も未知数となる．この場合の 1 つの計算方法として，pH を仮定して計算を行ない，計算で得られた各溶存種濃度を用いて (6.11) 式のイオン化可能な水素イオン濃度から求められた pH と仮定した pH とが一致する点を見つけるようにして計算を実行することが挙げられる．具体的には，まず初めに，pH を 1 間隔で変化させて計算を行ない，どの領域に pH が入るかを調べ，次に，その領域を 10 等分して同様な計算を行なって，pH が入る範囲を絞り込む．このような計算を繰り返すことにより比較的容易に計算を収束させることができる．

6.1.4 鉱物飽和度指数の計算

前項の方法で求められた pH 測定温度以外の温度（地熱貯留層）における各溶存種濃度を用いて，熱水がどの鉱物と平衡に共存しうるかを判定する．この判定のために，鉱物に対する飽和度指数（SI: saturation index）が用いられる．

$$SI = \log \frac{溶解度積に対応する活動度積}{鉱物の溶解度積} \tag{6.12}$$

カリ長石（$KAlSi_3O_8$）の場合，その溶解反応は，1 つの例として

$$KAlSi_3O_8 = K^+ + Al^{3+} + 3SiO_2^0 + 2H_2O - 4H^+ \tag{6.13}$$

と書くことができ，その溶解度積（平衡定数）は次のように表される．

$$K_{\mathrm{KAlSi_3O_8}} = \frac{a_{\mathrm{K^+}} a_{\mathrm{Al^{3+}}} (a_{\mathrm{SiO_2^0}})^3 (a_{\mathrm{H_2O}})^2}{(a_{\mathrm{H^+}})^4} \tag{6.14}$$

したがって，カリ長石に対する飽和度指数は次の式から求められる．

$$SI_{\mathrm{KAlSi_3O_8}} = \log \frac{a_{\mathrm{K^+}} a_{\mathrm{Al^{3+}}} (a_{\mathrm{SiO_2^0}})^3 (a_{\mathrm{H_2O}})^2 (a_{\mathrm{H^+}})^{-4}}{K_{\mathrm{KAlSi_3O_8}}} \tag{6.15}$$

表 6.2 地熱井から採取された熱水と水蒸気に対する化学分析値

地域	滝上（大分）	森（北海道）
坑井	NE-2	D-11
熱水 $mol \cdot kgH_2O^{-1}$		
SiO_2	0.004726	0.009369
Na	0.02027	0.2071
K	0.0006905	0.01266
Ca	0.0008508	0.001248
Mg	2.057×10^{-6}	4.114×10^{-6}
Fe	1.791×10^{-5}	3.581×10^{-7}
Al	2.595×10^{-5}	1.483×10^{-5}
$\sum CO_2$	0.002049	0.002296
SO_4	0.002781	0.001927
$\sum H_2S$	—	—
Cl	0.01292	0.2183
NH_3	—	—
H^+（25℃でのpH）	9.20	7.60
H_2O	55.51	55.51
水蒸気 $mol \cdot kgH_2O^{-1}$		
$\sum CO_2$	0.02020	0.03546
$\sum H_2S$	0.0004122	0.001706
サンプリング圧力 bar	1.0	4.8
貯留層温度 ℃	174	260
参考文献	Chiba 1991	鷹觜 2002

(6.15)式における各溶存種の活動度は，計算で求められた熱水中の各溶存種の活動度である．飽和度指数が0より小さい場合，その鉱物に関して熱水は不飽和であり，0の場合は熱水とその鉱物が平衡状態にあることを示す．また，0より大きい場合は，その鉱物に関して熱水は過飽和であることを示す．このようにして鉱物飽和度指数を求めることにより，熱水がどの鉱物と共存しうるかを推測することができる．

地熱系に対する計算例として，大分県の滝上NE-2号井と北海道の森D-11号井とを取り上げる．この2つの地熱井から噴出した熱水および水蒸気の分析値を

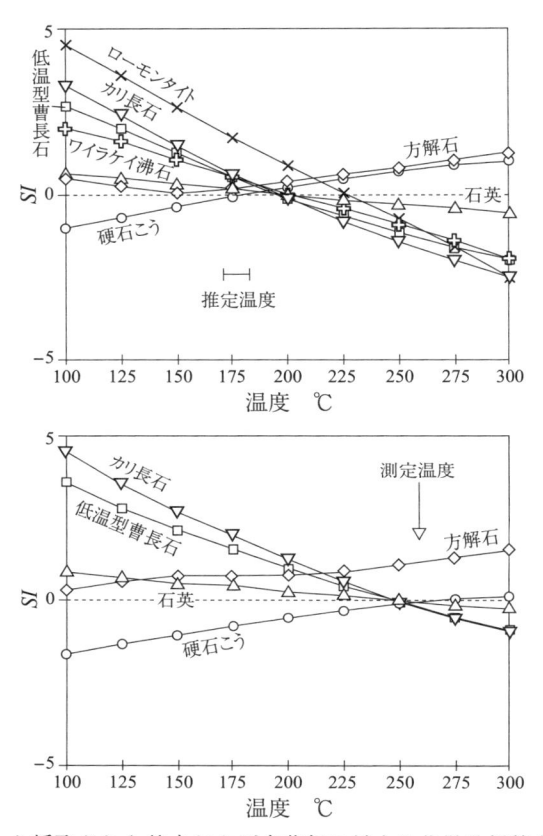

図 6.1 地熱井から採取された熱水および水蒸気に対する化学分析値を基に計算によって求められた鉱物飽和度指数と温度との関係（尾形・内田，2004）．（上）滝上 NE-2 号井，（下）森 D-11 号井．

表 6.2 に示す（Chiba, 1991: 鷹觜，2002）．これらの分析値を用いて計算から求められた各鉱物の飽和度指数と温度との関係を図 6.1 に示す．計算は 100～300℃の範囲で 25℃ごとに行なわれている．滝上 NE-2 号井の場合は，石英，曹長石，カリ長石，硬石こうおよびワイラケイ沸石の 5 鉱物に対する飽和度指数が 180～190℃付近で 0 となっており，この温度は地化学温度計から推定された地熱貯留層の温度 174℃ とほぼ一致しているとともに，地熱貯留層からこれらの鉱物の存在が確認されている．森 D-11 号井の場合は，石英，曹長石，カリ長石および硬

石こうの4鉱物に対する飽和度指数が250℃付近で0となっており，この温度は地熱貯留層の実測値260℃と良い一致を示しているとともに，地熱貯留層からこれらの鉱物の存在が確認されている．これらの例は，貯留層温度の計算による推定値と実測値がよく合う例であるが，すべての場合において，このように計算による推定値と実測値が一致するわけではない．その原因として，複数の場所（地層）からの熱水の流入，熱水あるいは水蒸気の流出，分析値の誤差（特にAl），熱の散逸，岩石（鉱物）-熱水間の非平衡，熱力学的データの不正確さなどが挙げられる．

6.1.5　岩石-水相互作用の数値計算

上述の計算を発展させることにより，より現実的な岩石-水相互作用の数値計算を行なうことができる．任意の温度・圧力条件下における熱水中の溶存種濃度を求め，計算対象とするすべての鉱物に対して飽和度指数を求める．このとき，飽和度指数が0より大きい鉱物に対しては熱水からその鉱物を沈殿させ（沈殿させる鉱物量の見積もりに関しては中川ら(1990)に例が示されている），0より小さい鉱物に対してはすでに沈殿している（熱水と共存している）鉱物がある場合には鉱物を溶解させ，飽和度指数が0の鉱物に対してはそのままとする．このような計算を繰り返し，最終的に対象鉱物すべてに対して，その飽和度指数が0あ

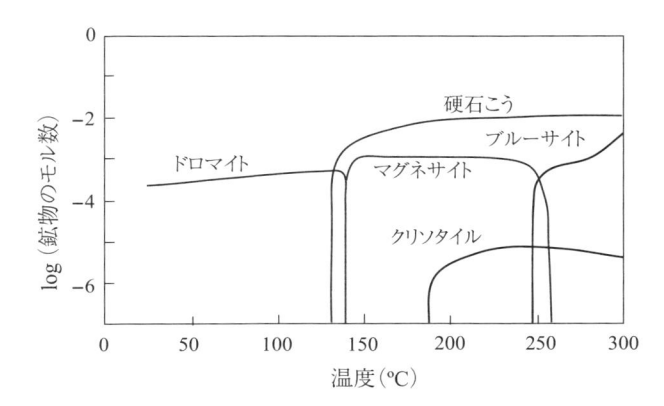

図 6.2　飽和水蒸気圧下において海水1 kgを25℃から300℃まで熱した場合に沈殿する鉱物の種類と量（中川ら，1990）

るいは0以下となった場合に計算の収束となる．海水を熱した場合に，各温度においてどのような鉱物が沈殿するかを推測した計算例を図6.2に示す．

より複雑な例として，岩石と海水とがある温度・圧力条件下で反応した場合に岩石構成鉱物がどのように変化するか，その変質鉱物の種類とその量を推定する場合には次のような計算が行なわれる．

まずは，常温・常圧における海水の分析値を基に各溶存種の濃度を計算し，これを基にイオン化可能な水素イオン濃度を求める．次に岩石と反応させる温度・圧力条件下における海水中の溶存種濃度および沈殿する鉱物の種類とその量を上述した計算方法に基づき求める．その後，このようにして各溶存種濃度が求められた海水と岩石とを反応させる．計算では，岩石に海水（熱水）を少しずつ反応させて，熱水/岩石比が小さいところから大きいところに向って計算を進めるのではなく，熱水に岩石を微少量ずつ反応させるように熱水/岩石比が大きいところから小さいところに向かって計算を進めていく．主要な岩石構成成分の溶解反応は次のように書き表される．

$$SiO_2 + H_2O = HSiO_3^- + H^+ \tag{6.16}$$

$$Al_2O_3 + 6H^+ = 2Al^{3+} + 3H_2O \tag{6.17}$$

$$Fe_2O_3 + \tfrac{1}{4}HS^- + \tfrac{15}{4}H^+ = 2Fe^{2+} + \tfrac{1}{4}SO_4^{2-} + 2H_2O \tag{6.18}$$

$$FeO + 2H^+ = Fe^{2+} + H_2O \tag{6.19}$$

$$MgO + 2H^+ = Mg^{2+} + H_2O \tag{6.20}$$

$$CaO + 2H^+ = Ca^{2+} + H_2O \tag{6.21}$$

$$Na_2O + 2H^+ = 2Na^+ + H_2O \tag{6.22}$$

$$K_2O + 2H^+ = 2K^+ + H_2O \tag{6.23}$$

鉱物を溶解・沈殿させたときには熱水中の各元素の濃度は増減するので，熱水に対する各元素の質量保存式にこのことを反映させて計算を行なう必要がある．また，イオン化可能な水素イオン濃度は，SiO_2成分に関しては溶解時には上記の式に従って増加し，その他の成分に関しては減少する．沈殿時にはこの逆となる．このことを考慮に入れながら，岩石を少しずつ海水と反応させ，上述したように対象とするすべての鉱物に対する飽和度指数が0あるいは0以下となるまで計

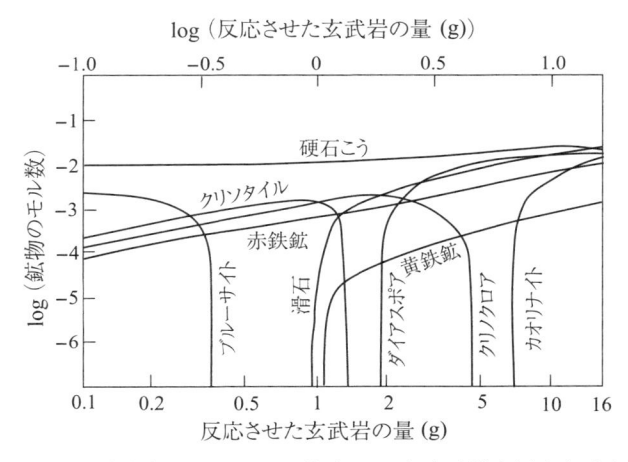

図 6.3 300°C,飽和水蒸気圧下において海水 1 kg と玄武岩を反応させた場合の生成鉱物とその量(中川ら,1990).

算を繰り返し,収束を得る.海水と玄武岩を反応させた場合の計算例を図 6.3 に示す.

6.1.6 岩石-水相互作用に関する計算ソフトウェア

岩石と水との平衡に関する計算は複雑であり,コンピュータを用いて計算を行なうことになる.このような計算に対するソフトウェアとして種々のものが開発されているが,その中でもよく知られているものとして SOLVEQ/CHILLER (Reed, 1982), EQ3/6 (Wolery, 1979, 1992), PHREEQC (Parkhurst and Appelo, 1999), SOLMINEQ.88 (Kharaka *et al.*, 1988), PECS(竹野, 1988),米国イリノイ大学で開発された The Geochemist's Workbench(商用のソフトウェア)が挙げられる.これらのソフトウェアの概要は Wolery (1992),竹野 (2003),千葉 (2003) などにおいて解説されている.

6.2 溶存種に対する熱力学的データ

200°C を超える条件下における水和溶存種の熱力学的性質に関する実験データは限られている.そこで,Helgeson and Kirkham (1974a, b, 1976) および

Helgeson et al. (1981) の一連の研究において，低温・低圧における水和溶存種の熱力学的データを 600℃，5 kb まで外挿するための理論および経験に基づく式が提案されており，提案者の名前に基づきこの方法は HKF（Helgeson, Kirkham and Flowers）モデルと呼ばれている．その後，Tanger and Helgeson (1988) によりモデルの改良が行なわれ，このモデルは修正 HKF モデルと呼ばれ，1000℃，5 kb までの外挿を可能にしている．ここでは，この修正 HKF モデルについて解説する．

鉱物や気体の場合と同様に，溶存種に対しても 25℃，1 bar におけるギブスエネルギーから高温・高圧におけるギブスエネルギーを求めるために，定圧熱容量の温度依存性および体積の温度・圧力依存性に関するデータが必要になる．修正 HKF モデルでは，水和に関する項とそれ以外の経験的な項とに分けた上で，温度・圧力依存性が示されている．

6.2.1 水和に関する項

ボルンの静電理論によれば，真空中から均質な比誘電率を有する溶媒中に価数 z_j のイオン j を移動させる際のギブスエネルギー変化（水和ギブスエネルギー）は次式で表される．

$$\Delta G^\circ_{s,j} = \frac{N^\circ(z_j e)^2}{2r_{e,j}} \left(\frac{1}{\varepsilon} - 1 \right) \tag{6.24}$$

ボルンの静電理論において，$r_{e,j}$ はイオンの結晶学的半径であるが，修正 HKF モデルにおいては有効イオン半径と呼ばれ，温度・圧力によって変化する調整パラメータの役割を果たしている．

$$r_{e,j} = r_{x,j} + |z_j|(g + k_z) \tag{6.25}$$

ここで，$r_{x,j}$ はイオンの結晶学的半径である．k_z は陰イオンに関して $0\,\text{Å}$ であり，陽イオンに関しては $0.94\,\text{Å}$ である．また，g は

$$g = a_g(1-\rho)^{b_g} - f \tag{6.26}$$

で表され，a_g，b_g および f は，表 6.3 に掲載されている係数 $a_{g,1}$，$a_{g,2}$，$a_{g,3}$，$b_{g,1}$，$b_{g,2}$，$b_{g,3}$，$a_{f,1}$，$a_{f,2}$ および $a_{f,3}$ (Shock et al., 1992) を用いて

$$a_g = a_{g,1} + a_{g,2}T + a_{g,3}T^2 \tag{6.27}$$

表 6.3 (6.27)〜(6.29) 式の係数 a_g, b_g および a_f

i	$a_{g,i}$	$b_{g,i}$	$a_{f,i}$
1	-0.2037662×10 (Å)	0.6107361×10	0.3666666×10^2 (℃$^{-16}$)
2	0.5747000×10^{-2} (Å/℃)	$-0.1074377 \times 10^{-1}$ (℃$^{-1}$)	$-0.1504956 \times 10^{-9}$ (Å/bar^3)
3	$-0.6557892 \times 10^{-5}$ (Å/℃^{2})	0.1268348×10^{-4} (℃$^{-2}$)	$0.5017997 \times 10^{-13}$ (Å/bar^4)

$$b_g = b_{g,1} + b_{g,2}T + b_{g,3}T^2 \tag{6.28}$$

$$f = \left(\left(\frac{T-155}{300}\right)^{4.8} + a_{f,1}\left(\frac{T-155}{300}\right)^{16}\right)$$
$$\times \left(a_{f,2}(1000-P)^3 + a_{f,3}(1000-P)^4\right) \tag{6.29}$$

と表される．ρ は水の密度である．

(6.24) 式の右辺の括弧の前の係数はボルン係数と呼ばれる．水素イオン H^+ を基準とした場合，このボルン係数 ω_j は次のように書くことができる．

$$\omega_j = \frac{N°(z_j e)^2}{2r_{e,j}} - \left(\frac{N°(z_{H^+}e)^2}{2r_{e,H^+}}\right)z_j$$

$$= \frac{N°(z_j e)^2}{2r_{e,j}} - 0.5387 z_j \tag{6.30}$$

よって，(6.24) 式は

$$\Delta G°_{s,j} = \omega_j \left(\frac{1}{\varepsilon} - 1\right) \tag{6.31}$$

となる．この式から水和に関するエントロピー変化 $\Delta S°_s$ と体積変化 $\Delta V°_s$（(5.1) 式の $V°_{\text{elect}}$ に対応）は次のように求められる．

$$\Delta S°_s = -\left(\frac{\partial \Delta G°_s}{\partial T}\right)_P$$
$$= \omega Y - \left(\frac{1}{\varepsilon} - 1\right)\left(\frac{\partial \omega}{\partial T}\right)_P \tag{6.32}$$

$$\Delta V°_s = \left(\frac{\partial \Delta G°_s}{\partial P}\right)_T$$

$$= -\omega Q + \left(\frac{1}{\varepsilon} - 1\right)\left(\frac{\partial \omega}{\partial P}\right)_T \tag{6.33}$$

ここで,

$$Y \equiv \left(\frac{\partial\left(-\frac{1}{\varepsilon}\right)}{\partial T}\right)_P = \frac{1}{\varepsilon^2}\left(\frac{\partial \varepsilon}{\partial T}\right)_P \tag{6.34}$$

$$Q \equiv \left(\frac{\partial\left(-\frac{1}{\varepsilon}\right)}{\partial P}\right)_T = \frac{1}{\varepsilon^2}\left(\frac{\partial \varepsilon}{\partial P}\right)_T \tag{6.35}$$

である.

また,水和に関する定圧熱容量変化 ΔCp_s° は

$$\begin{aligned}\Delta Cp_s^\circ &= T\left(\frac{\partial \Delta S_s^\circ}{\partial T}\right)_P \\ &= \omega T X + 2TY\left(\frac{\partial \omega}{\partial T}\right)_P - T\left(\frac{1}{\varepsilon} - 1\right)\left(\frac{\partial^2 \omega}{\partial T^2}\right)_P\end{aligned} \tag{6.36}$$

となる.ここで,

$$X \equiv \left(\frac{\partial Y}{\partial T}\right)_P = \left(\frac{\partial^2\left(-\frac{1}{\varepsilon}\right)}{\partial T^2}\right)_P = \frac{1}{\varepsilon^2}\left(\frac{\partial^2 \varepsilon}{\partial T^2}\right)_P - 2\varepsilon Y^2 \tag{6.37}$$

である.なお,水の比誘電率に関しては,Johnson and Norton (1991) において温度と密度の関数として表されている.

6.2.2 水和以外の経験的な項

実験データから上記の水和による寄与を差し引いたものが経験的な項として取り扱われ,その体積変化 ΔV_n° ((5.1)式の V_{int}° に対応)および定圧熱容量変化 ΔCp_n° は次の多項式により表される.

$$\Delta V_n^\circ = a_1 + \frac{a_2}{\Psi + P} + \frac{a_3}{T - \Theta} + \frac{a_4}{(\Psi + P)(T - \Theta)} \tag{6.38}$$

$$\Delta Cp_n^\circ = c_1 + \frac{c_2}{(T - \Theta)^2} - \left(\frac{2T}{(T - \Theta)^3}\right)\left(a_3\left(P - P_r\right) + a_4 \ln\left(\frac{\Psi + P}{\Psi + P_r}\right)\right) \tag{6.39}$$

修正 HKF モデルにおいて，Ψ および Θ は溶媒によって決まる定数であり，H_2O に対しては $\Psi = 2600\,\mathrm{bar}$，$\Theta = 228\,\mathrm{K}$ である．また，a_1, a_2, a_3, a_4, c_1 および c_2 は，溶存種に固有な回帰係数である（表 6.4）．ここで，P_r は標準圧力を示し，1 bar である．

6.2.3　修正 HKF モデルによるギブスエネルギーの温度・圧力依存性

水和に関する項と水和以外の経験的な項から，全体の体積変化は次のように書き表される．

$$\begin{aligned}\Delta V^\circ &= \Delta V_\mathrm{s}^\circ + \Delta V_\mathrm{n}^\circ \\ &= a_1 + \frac{a_2}{\Psi + P} + \frac{a_3}{T - \Theta} + \frac{a_4}{(\Psi + P)(T - \Theta)} - \omega Q + \left(\frac{1}{\varepsilon} - 1\right)\left(\frac{\partial \omega}{\partial P}\right)_T \end{aligned} \tag{6.40}$$

(6.40) 式の右辺の初めの 4 項は水和以外の経験的な項であり，後ろの 2 項は水和に関する項である．また，全体の定圧熱容量変化は次のように表される．

$$\begin{aligned}\Delta Cp^\circ &= \Delta Cp_\mathrm{s}^\circ + \Delta Cp_\mathrm{n}^\circ \\ &= c_1 + \frac{c_2}{(T - \Theta)^2} - \left(\frac{2T}{(T - \Theta)^3}\right)\left(a_3(P - P_\mathrm{r}) + a_4 \ln\left(\frac{\Psi + P}{\Psi + P_\mathrm{r}}\right)\right) \\ &\quad + \omega T X + 2TY\left(\frac{\partial \omega}{\partial T}\right)_P - T\left(\frac{1}{\varepsilon} - 1\right)\left(\frac{\partial^2 \omega}{\partial T^2}\right)_P \end{aligned} \tag{6.41}$$

(6.41) 式の右辺の初めの 3 項は水和以外の経験的な項であり，後ろの 3 項は水和に関する項である．

上記の関係から，(1.55) 式に対応した溶存種に対する見掛けの生成ギブスエネルギーは次式から求められる．

$$\begin{aligned}\Delta G_{P,T}^\circ &= \Delta G_{P_\mathrm{r},T_\mathrm{r}}^\circ - S_{P_\mathrm{r},T_\mathrm{r}}^\circ(T - T_\mathrm{r}) - c_1\left(T\ln\left(\frac{T}{T_\mathrm{r}}\right) - T + T_\mathrm{r}\right) \\ &\quad + a_1(P - P_\mathrm{r}) + a_2 \ln\left(\frac{\Psi + P}{\Psi + P_\mathrm{r}}\right) \\ &\quad - c_2\left(\left(\frac{1}{T - \Theta} - \frac{1}{T_\mathrm{r} - \Theta}\right) \times \left(\frac{\Theta - T}{\Theta}\right) - \frac{T}{\Theta^2}\ln\left(\frac{T_\mathrm{r}(T - \Theta)}{T(T_\mathrm{r} - \Theta)}\right)\right) \end{aligned}$$

表 6.4 25°C, 1 bar における水和溶存種に対する熱力学的データおよび修正 HKF モデルの各係数 (Shock et al., 1997)

イオン 単位	ΔG°_f a	ΔH°_f a	S° b	C_p° b	V° c	$a_1 \times 10$ d	$a_2 \times 10^{-2}$ a	a_3 e	$a_4 \times 10^{-4}$ f	c_1 b	$c_2 \times 10^{-4}$ f	$\omega \times 10^{-5}$ a
H^+	0	0	0	0	0	0	0	0	0	0	0	0
Li^+	−69933	−66552	2.70	14.20	−0.87	−0.0237	−0.069	11.58	−2.7761	19.2	−0.24	0.4862
Na^+	−62591	−57433	13.96	9.06	−1.11	1.839	−2.285	3.256	−2.726	18.18	−2.981	0.3306
K^+	−67510	−60270	24.15	1.98	9.06	3.559	−1.473	5.435	−2.712	7.4	−1.791	0.1927
Rb^+	−67800	−60020	28.80	−3.00	14.26	4.2913	−0.9041	7.407	−2.7416	5.7923	−3.6457	0.1502
Cs^+	−69710	−61670	31.75	−6.29	21.42	6.1475	−0.1309	4.2094	−2.7736	6.27	−5.736	0.0974
Mg^{2+}	−108505	−111367	−33.00	−5.34	−21.55	−0.8217	−8.599	8.39	−2.39	20.8	−5.892	1.5372
Ca^{2+}	−132120	−129800	−13.50	−7.53	−18.06	−0.1947	−7.252	5.2966	−2.4792	9	−2.522	1.2366
Sr^{2+}	−134760	−131670	−7.53	−10.05	−17.41	0.7071	−10.1508	7.0027	−2.3594	10.7452	−5.0818	1.1363
Ba^{2+}	−134030	−128500	2.30	−12.30	−12.60	2.7383	−10.0565	−0.047	−2.3633	3.8	−3.45	0.985
BO_2^-	−162240	−184600	−8.90	−41.00	−14.50	−2.2428	−6.2065	−6.3216	−2.5224	−1.6521	−11.3863	1.7595
HCO_3^-	−140282	−164898	23.53	−8.46	24.60	7.5621	1.1505	1.2346	−2.8266	12.9395	−4.7579	1.2733
CO_3^{2-}	−126191	−161385	−11.95	−69.50	−5.02	2.8524	−3.9844	6.4142	−2.6143	−3.3206	−17.1917	3.3914
Pb^{2+}	−5710	220	4.20	−12.70	−15.60	−0.0051	−7.7939	8.8134	−2.4568	8.6624	−5.6216	1.0788
NO_3^-	−26507	−49429	35.12	−16.40	29.00	7.3161	6.7824	−4.6838	−3.0594	7.7	−6.725	1.0977
NO_2^-	−7700	−25000	29.40	−23.30	25.00	5.5864	5.859	3.4472	−3.0212	3.426	−7.7808	1.1847
NH_4^+	−18990	−31850	26.57	15.74	18.13	3.8763	2.3448	8.5605	−2.8759	17.45	−0.021	0.1502
$H_2PO_4^-$	−270140	−309820	21.60	−7.00	31.30	6.4875	8.0594	2.5823	−3.1122	14.0435	−4.4605	1.3003
HPO_4^{2-}	−260310	−308815	−8.00	−58.30	5.40	3.6315	1.0857	5.3233	−2.8239	2.7357	−14.9103	3.363
OH^-	−37595	−54977	−2.56	−32.79	−4.18	1.2527	0.0738	1.8423	−2.7821	4.15	−10.346	1.7246
HS^-	2860	−3850	16.30	−22.17	20.65	5.0119	4.9799	3.4765	−2.9849	3.42	−6.27	1.441
HSO_3^-	−126130	−149670	33.40	−1.40	33.30	6.7014	8.5816	2.3771	−3.1338	15.6949	−3.3198	1.1233
SO_4^{2-}	−177930	−217400	4.50	−64.38	13.88	8.3014	−1.9846	−6.2122	−2.697	1.64	−17.998	3.1463
HSO_4^-	−180630	−212500	30.00	5.30	35.20	6.9788	9.259	2.1108	−3.1618	20.0961	−1.955	1.1748
$S_2O_3^{2-}$	−124900	−155000	16.00	−57.30	28.50	6.6685	12.4951	−7.7281	−3.2955	−0.0577	−14.7066	2.9694
$S_2O_4^{2-}$	−266500	−321400	58.40	−25.00	79.00	13.3622	24.8454	−4.0153	−3.8061	12.9632	−8.1271	2.3281

6.2 溶存種に対する熱力学的データ

	a	b	c	d	e	f
F^-	−67340	−80150	−3.15	−27.23	−1.32	0.687	1.3588	7.6033	−2.8352	4.46	−7.488	1.787
Cl^-	−31379	−39933	13.56	−29.44	17.79	4.032	4.801	5.563	−2.847	−4.4	−5.714	1.456
ClO_3^-	−1900	−24850	38.80	−12.30	36.90	7.1665	9.7172	1.9307	−3.1807	8.5561	−5.5401	1.0418
Br^-	−24870	−29040	19.80	−30.42	24.85	5.269	6.594	4.745	−3.143	−3.8	−6.811	1.3858
BrO_3^-	4450	−16030	38.65	−20.60	35.40	6.9617	9.2173	2.1272	−3.16	3.7059	−7.2308	1.0433
I^-	−12410	−13600	25.50	−28.25	36.31	7.7623	8.2762	1.4609	−3.1211	−6.27	−4.944	1.2934
IO_3^-	−30600	−52900	28.30	−16.20	25.90	5.7148	6.1725	3.324	−3.0342	7.7293	−6.3345	1.2002
Ni^{2+}	−10900	−12900	−30.80	−11.70	−29.00	−1.6942	−11.9181	10.4344	−2.2863	13.1905	−5.4179	1.5067
Cu^{2+}	15675	15700	−23.20	−5.70	−24.60	−1.0121	−10.4726	9.8662	−2.3461	20.3	−4.39	1.4769
Ag^+	18427	25275	17.54	7.90	−0.80	1.7285	−3.5608	7.1496	−2.6318	12.7862	−1.4254	0.216
Cd^{2+}	−18560	−18140	−17.40	−3.50	−15.60	0.0537	−10.708	16.5176	−2.3363	15.6573	−3.7476	1.2528
La^{3+}	−164000	−169600	−52.00	−37.20	−38.60	−2.788	−14.3824	10.9602	−2.1844	4.2394	−10.6122	2.1572
Nd^{3+}	−160600	−166500	−49.50	−43.20	−43.10	−3.3707	−14.5452	8.3211	−2.1777	1.6236	−11.8344	2.255
Sm^{3+}	−159100	−165200	−50.70	−43.30	−42.00	−3.2065	−15.6108	11.8857	−2.1337	1.9385	−11.8548	2.2955
Eu^{3+}	−137300	−144700	−53.00	−36.60	−41.30	−3.1037	−15.3599	11.7871	−2.144	6.0548	−10.49	2.3161
Gd^{3+}	−158600	−164200	−49.20	−35.90	−40.40	−2.9771	−15.0506	11.6656	−2.1568	6.5606	−10.3474	2.3265
Dy^{3+}	−158700	−166500	−55.20	−31.70	−40.70	−3.0003	−15.1074	11.6879	−2.1545	9.5076	−9.9419	2.3792
Ho^{3+}	−161400	−169000	−54.30	−33.30	−41.60	−3.1198	−15.3392	11.8026	−2.1424	8.6686	−9.8178	2.3899
Er^{3+}	−159900	−168500	−58.30	−34.30	−43.00	−3.3041	−15.8492	11.9794	−2.1238	8.2815	−10.0215	2.4115
Tm^{3+}	−159900	−168500	−58.10	−34.30	−43.00	−3.2967	−15.8312	11.9724	−2.1245	8.4826	−10.0215	2.4333
Yb^{3+}	−153000	−160300	−56.90	−36.40	−44.50	−3.4983	−16.3233	12.1658	−2.1042	7.3533	−10.4493	2.4443
Lu^{3+}	−159400	−167900	−63.10	−32.00	−45.00	−3.563	−16.4812	12.2279	−2.0977	9.565	−9.716	2.4554

単位:a: cal/mol, b: cal/mol·K, c: cm^3/mol, d: cal/mol·bar, e: cal·K/mol·bar, f: cal·K/mol

$$+ \frac{1}{T-\Theta}\left(a_3(P-P_\mathrm{r}) + a_4 \ln\left(\frac{\Psi+P}{\Psi+P_\mathrm{r}}\right)\right) + \omega\left(\frac{1}{\varepsilon}-1\right)$$

$$-\omega_{P_\mathrm{r},T_\mathrm{r}}\left(\frac{1}{\varepsilon_{P_\mathrm{r},T_\mathrm{r}}}-1\right) + \omega_{P_\mathrm{r},T_\mathrm{r}} Y_{P_\mathrm{r},T_\mathrm{r}}(T-T_\mathrm{r}) \tag{6.42}$$

ここで，T_r は標準温度を示し，298.15 K である．修正 HKF モデルによる見掛けの生成ギブスエネルギーなどに対する計算ソフトウェアに関しては Johnson et al. (1992) において解説されている．また，日本語による Windows 対応のソフトウェアが副島・内田 (2000) によって開発されている（Windows XP までに対応）．各溶存種に対する標準生成ギブスエネルギー，標準エントロピー，a_1, a_2, a_3, a_4, c_1 および c_2 の各係数，ボルン係数 ω などのデータは，Shock and Helgeson (1988), Shock et al. (1997), Sverjensky et al. (1997) などに掲載されている（表6.4）．

記号と定数

V: 体積
P: 圧力
ΔV_r: 反応における体積変化
ΔV_s: 反応における固相の体積変化
ΔV^{mix}: 混合における体積変化
ΔV^{ex}: 混合における過剰体積変化
T: 絶対温度
G: ギブスエネルギー
ΔG_r: 反応ギブスエネルギー
ΔG_f°: 標準生成ギブスエネルギー
ΔG^{mix}: 混合ギブスエネルギー
H: エンタルピー
ΔH_r: 反応エンタルピー
ΔH_f°: 標準生成エンタルピー
ΔH^{mix}: 混合エンタルピー
ΔH^{ex}: 過剰混合エンタルピー
S: エントロピー
ΔS_r: 反応エントロピー
S°: 標準エントロピー
ΔS_f°: 標準生成エントロピー
ΔS^{mix}: 混合エントロピー
ΔS^{ex}: 過剰混合エントロピー
A: ヘルムホルツエネルギー

記号と定数

U: 内部エネルギー
ΔU^{mix}: 混合内部エネルギー
ΔU^{ex}: 過剰混合内部エネルギー
g: 1モルあたりのギブスエネルギー
Δg^{mix}: 1モルあたりの混合ギブスエネルギー
Δg^{ex}: 1モルあたりの過剰混合ギブスエネルギー
h: 1モルあたりのエンタルピー
Δh^{ex}: 1モルあたりの過剰混合エンタルピー
s: 1モルあたりのエントロピー
Δs^{mix}: 1モルあたりの混合エントロピー
u: 1モルあたりの内部エネルギー
Δu^{ex}: 1モルあたりの過剰混合内部エネルギー
μ: 化学ポテンシャル
μ°: 標準化学ポテンシャル
μ^{ex}: 過剰化学ポテンシャル
a: 活動度
γ: 活動度係数
f: フガシティー
ν: フガシティー係数
Cp: 定圧熱容量
ΔCp_{r}: 反応における定圧熱容量変化
ΔCp_{f}: 生成反応における定圧熱容量変化
K: 平衡定数
K_{D}: 分配係数
Z: 圧縮率因子
W: 粒子間の相互作用エネルギー
w: 1モルあたりの相互作用エネルギー（相互作用パラメータ）
Ω: 粒子の配置数
N_{i}: i粒子の個数
n_{i}: i成分（粒子）のモル数
$\Delta n_{\mathrm{i,r}}$: 反応におけるi成分のモル数変化
x_{i}: i成分（粒子）のモル分率

記号と定数　137

C:　　独立成分の数
C_i:　　固定性成分の数
C_m:　　完全移動性成分の数
F:　　自由度
F_G:　　温度・圧力を一定にした場合の自由度（ゴールドシュミットの鉱物学的相律における自由度）
F_K:　　温度・圧力および完全移動性成分の化学ポテンシャルを一定にした場合の自由度（コルジンスキーの鉱物学的相律における自由度）
φ:　　平衡に共存する相の数
m_i:　　i成分の重量モル濃度
ω:　　ボルン係数
ε:　　比誘電率
ρ:　　密度
I:　　イオン強度
r:　　イオン半径
$å$:　　イオンサイズパラメータ
z_i:　　イオンの価数
z:　　配位数

$[T]$:　　変数に対する温度条件
$[T, P]$:　　変数に対する温度・圧力条件

k:　　ボルツマン定数 $= 1.381 \times 10^{-23}\,\mathrm{J \cdot K^{-1}}$
R:　　気体定数 $= 8.314\,\mathrm{J \cdot K^{-1} \cdot mol^{-1}}$
$N°$:　　アボガドロ定数 $= 6.022 \times 10^{23}\,\mathrm{mol^{-1}}$
e:　　電子の電荷 $= 1.602 \times 10^{-19}\,\mathrm{C}$
F:　　ファラデー定数 $= 96485\,\mathrm{C \cdot mol^{-1}(J \cdot volt^{-1} \cdot mol^{-1})}$

$1\,\mathrm{cal} = 4.184\,\mathrm{J} = 41.84\,\mathrm{cm^3 \cdot bar} = 41.293\,\mathrm{cm^3 \cdot atm}$
$1\,\mathrm{bar} = 10^5\,\mathrm{Pa}$
$1\,\mathrm{atm} = 101325\,\mathrm{Pa}$

参考文献

アトキンス，P. W. (1979) アトキンス物理化学（上），千原秀昭・中村亘男訳，東京化学同人，487p.
坂野昇平・松井義人 (1978) 固溶体の熱力学的性質．地球の物質科学III　岩石・鉱物の地球科学，岩波講座地球科学4，岩波書店，pp.63–126.
千葉仁 (2003) 熱水中のスペシエーション．資源環境地質学－地球史と環境汚染を読む，資源地質学会編，341–346.
藤代亮一・黒岩章晃 (1966) 溶液の性質I，現代物理化学講座7，東京化学同人，221p.
藤代亮一・和田悟朗・玉虫伶太 (1968) 溶液の性質II－電解質溶液，現代物理化学講座8，東京化学同人，219p.
井口洋男・田中元治・玉虫伶太編 (1979) 集合体の化学（上），岩波講座現代化学6，岩波書店，209p.
川嵜智佑 (1996) 造岩鉱物の熱力学．地球惑星物質科学，岩波講座地球惑星科学5，岩波書店，pp.177–232.
川嵜智佑 (2006) 岩石熱力学，共立出版，266p.
コルジンスキー，D. S. (1968) 鉱物共生の物理化学，小林英夫・端山好和訳，ラテイス，272p.
都城秋穂 (1965) 変成岩と変成帯，岩波書店，458p.
都城秋穂 (1994) 変成作用，岩波書店，256p.
中川隆之・内田悦生・今井直哉 (1990) 岩石－熱水相互作用に関する数値シミュレーション．早稲田大学理工学研究所報告，**129**，23–33.
尾形正岐・内田悦生 (2004) SUPCRT98（修正版SUPCRT92）の熱力学データセットの信頼性－地熱系における鉱物飽和度指数計算による検証－．資源地質，**54**，47–60.
大瀧仁志 (1985) 溶液化学－溶質と溶媒の微視的相互作用－，化学選書，裳華房，239p.
大瀧仁志 (1987) 溶液の化学，新化学ライブラリー，大日本図書，233p.
サモイロフ，O. Ya. (1967) イオンの水和：電解質水溶液の構造，上平恒訳，地人書店，142p.

副島淳一郎・内田悦生 (2000) 鉱物-熱水間化学反応計算ソフトウエア SuperCritical for Windows. 資源地質, **50**, 115–123.

鷹觜守彦 (2002) 運転20年を振り返って：森地熱発電所. 地熱, **39**, 373–396.

竹野直人 (1988) 地熱貯留層における地熱流体の pH および化学種組成を推定するプログラム (PECS) 使用手引書, 地質調査所研究資料集, 49p.

竹野直人 (1995) 熱水系における岩石-水相互作用の数値シミュレーション. 放射性廃棄物と地質科学, 島崎英彦・新藤静夫・吉田鎮男編, 東京大学出版会, pp.226–251.

竹野直人・村岡洋文・佐脇貴幸・佐々木宗建 (2000) 葛根田花崗岩周辺の接触変成作用：自由エネルギー最小化化学平衡計算に基づく解析. 地質調査所報告, **284**, 17–33.

竹野直人 (2003) 熱水-鉱物平衡プログラム, 資源環境地質学—地球史と環境汚染を読む, 資源地質学会編, 347–350.

内田悦生・中川隆之・今井直哉 (1990) 地熱系における岩石-熱水間の化学平衡-溶存化学種濃度および鉱物飽和度指数の計算-, 早稲田大学理工学研究所報告, **127**, 27–44.

山崎仲道 (1997) 水熱化学の歴史と現状. 水熱科学ハンドブック, 水熱科学ハンドブック編集委員会, 技報堂出版, pp.1–19.

Anderson, G. M., Crerar, D. A. (1993) *Thermodynamics in geochemistry – The equilibrium model.* Oxford University Press, 588p.

Barton, P. B., Skinner, B. J. (1979) Sulfide mineral stabilities. In: Barnes, H. L. (ed) *Geochemistry of hydrothermal ore deposits. 2nd ed.*, Wiley-Interscience, New York, pp.278–403.

Berman, R. G. (1988) Internally-consistent thermodynamic data for minerals in the system Na_2O-K_2O-CaO-MgO-FeO-Fe_2O_3-Al_2O_3-SiO_2-TiO_2-H_2O-CO_2. *Journal of Petrology*, **29**, 445–522.

Berman, R. G., Brown, T. H. (1985) Heat capacity of minerals in the system Na_2O-K_2O-CaO-MgO-FeO-Fe_2O_3-Al_2O_3-SiO_2-TiO_2-H_2O-CO_2: representation, estimation and high temperature extrapolation. *Contributions to Mineralogy and Petrology*, **89**, 168–183.

Bowers, T. S., Jackson, K. J., Helgeson, H. C. (1984) *Equilibrium activity diagrams: for coexisting minerals and aqueous solutions at pressures and temperatures to 5 kb and 600°C*. Springer-Verlag, 397p.

Bulakh, A. G. (1979) Thermodynamic properties and phase transitions of H_2O up to 1000℃ and 100 kbar. *Internat. Geol. Rev.*, **21**, 92–103.

Burnham, C. W., Holloway, J. R., Davis, N. F. (1969) The thermodynamic properties of water to 1,000℃ and 10,000 bars. *Geol. Soc. Amer.*, Spec. Paper **132**, 1–96.

Chiba, H. (1991) Attainment of solution and gas equilibrium in Japanese geothermal systems. *Geochem. J.*, **25**, 335–355.

Connolly, J. A. D. (2005) Computation of phase equilibria by linear programming: A tool for geodynamic modelling and its application to subduction zone decarbonation. *Earth and Planetary Science Letters*, **236**, 524–541.

Cygan, G. L., Hemley, J. J., D'Angelo, W. M. (1994) An experimental study of zinc chloride speciation from 300 to 600℃ and 0.5 to 2.0 kbar in buffered hydrothermal solutions. *Geochim. Cosmochim. Acta*, **58**, 367–403.

Debye, P., Hückel, E. (1923) Zur Theorie der Elektrolyte. I. Gefrierpunktserniedrigung und verwandte Erscheinungen [The theory of electrolytes. I. Lowering of freezing point and related phenomena]. *Physikalische Zeitschrift*, **24**,185–206.

de Santis, R., Breedvelde, G. F. J., Prausnits, J. M. (1974) Thermodynamic properties of aqueous gas mixtures at advanced pressures. *Ind. Eng. Chem. Process Design Dev.*, **13**, 374–377.

Fahlquist, L. S., Popp, R. K. (1989) The effect of NaCl on bunsenite solubility and Ni-complexing in supercritical aqueous fluids. *Geochim. Cosmochim. Acta*, **53**, 989–995.

Frank, H. S., Wen, W. Y. (1957) Ion-solvent interaction. Structural aspects of ion-solvent interaction in aqueous solutions: a suggested picture of water structure. *Discuss. Faraday Soc.*, **24**, 133–140.

Frantz, J. D., Marshall, W. L. (1982) Electrical conductances and ionization constants of calcium chloride and magnesium chloride in aqueous solutions at temperatures to 600℃ and pressures to 4000 bars. *Am. J. Sci.*, **282**, 1666–1693.

Ferry, J. M., Spear, F. S. (1978) Experimental calibration of the partitioning of Fe and Mg between biotite and garnet. *Contrib. Mineral. Petrol*, **66**, 113–117.

Gottschalk, M. (1997) Internally consistent thermodynamic data for rock forming minerals. *European Journal of Mineralogy*, **9**, 175–223.

Haar, L., Gallagher, J. S., Kell, G. S. (1984) NBS/NRC steam tables. Thermodynamic and transport properties and computer programs for vapor and liquid states of water in SI units. Hemisphere publishing McGraw-Hill, New York.

Haas, J. L. Jr., Hemingway, B. S. (1992) Recommended standard electrochemical potentials and fugacities of oxygen for the solid buffers and thermodynamic data in the systems iron-silicon-oxygen, nickel-oxygen, and copper-oxygen. *U.S. Geol. Surv.* Open-File Rep. 92–267.

Helgeson, H. C. (1969) Thermodynamics of hydrothermal systems at elevated temperatures and pressures. *Am. J. Sci.*, **267**, 729–804.

Helgeson, H. C., Delany, J. M., Nesbitt, H. W., Bird, D. K. (1978) Summary and critique of the thermodynamic properties of rock-forming minerals. *Am. J. Sci.*, **278A**, 1–229.

Helgeson, H. C., Kirkham, D. H. (1974a) Theoretical prediction of the thermodynamic behavior of aqueous electrolytes at high pressures and temperatures: I. Summary of the thermodynamic/electrostatic properties of the solvent. *Am. J. Sci.*, **274**, 1089–1198.

Helgeson, H. C., Kirkham, D. H. (1974b) Theoretical prediction of the thermodynamic behavior of aqueous electrolytes at high pressures and temperatures: II. Debye-Hückel parameters for activity coefficients and relative partial molal properties. *Am. J. Sci.*, **274**, 1199–1261.

Helgeson, H. C., Kirkham, D. H. (1976) Theoretical prediction of the thermodynamic behavior of aqueous electrolytes at high pressures and temperatures: III. Equation of state for aqueous species at infinite dilution. *Am. J. Sci.*, **276**, 97–240.

Helgeson, H. C., Kirkham, D. H., Flowers, G. C. (1981) Theoretical prediction of the thermodynamic behavior of aqueous electrolytes at high pressures and temperatures: IV. Calculation of activity coefficients, osmotic coefficients, and apparent molal and standard and relative partial molal properties to 600℃ and 5 kb. *Am. J. Sci.*, **281**, 1249–1516.

Henley, R. W., Truesdell, A. H., Barton, Jr., P. B. (1984) *Fluid-mineral equilibria in hydrothermal systems.* Reviews in Economic Geology, Vol. 1, Society of Economic Geology, 267p.

Hepler, L. (1957) Partial molal volumes of aqueous ions. *J. Amer. Chem. Soc.*, **61**, 1426–1428.

Holland, T. J. B., Powell, R. (1985) An internally consistent thermodynamic dataset with uncertainties and correlations: 2. Data and results. *J. Metamorph. Geol.*, **3**, 343–370.

Holland, T. J. B., Powell, R. (1990) An enlarged and updated internally consistent thermodynamic dataset with uncertainties and correlations – the system $K_2O-Na_2O-CaO-FeO-Fe_2O_3-Al_2O_3-TiO_2-SiO_2-C-H_2-O_2$. *J. Metamorph. Geol.*, **8**, 89–124.

Holland, T. J. B., Powell, R. (1991) A compensated-Redlich-Kwong (CORK) equation for volumes and fugacities of CO_2 and H_2O on the range 1 bar to 50 kbar and 100-1600℃. *Contrib. Mineral. Petrol.*, **109**, 265–273.

Holland, T. J. B, Powell, R. (1998) An internally consistent thermodynamic data set for phases of petrological interest. *J. Metamorph. Geol.*, **16**, 309–343.

Holland, T. J. B., Powell, R. (2011) An improved and extended internally consistent thermodynamic dataset for phases of petrological interest, involving a new equation of state for solids. *J. Metamorph. Geol.*, **29**, 333–383.

Holloway, J. R. (1977) Fugacity and activity of molecular species in supercritical fluids. In: Fraser D. G. (ed.) *Thermodynamics in geology*, Reidel, Dordrecht, pp.161–181.

Johnson, J. W., Oelkers, E. H., Helgeson, H. C. (1992) SUPCRT92: A software package for calculating the standard molal thermodynamic properties of minerals, gases, aqueous species, and reactions from 1 to 5000 bar and 0 to 1000℃. *Computer & Geosciences*, **18**, 899–947.

Johnson, J. W., Norton, D. (1991) Critical phenomena in hydrothermal system; state, thermodynamic, electrostatic, and transport properties of H_2O in the critical region. *Am. J. Sci.*, **291**, 541–648.

Kakuda, Y., Uchida, E., Imai, N. (1994) A new model of the excess Gibbs energy of mixing for a regular solution. *Proc. Japan Academy*, **70**, Ser. B, 163–168.

Kharaka, Y. K., Gunter, W. D., Aggarwal, P. K., Perkins, E. H., Debraal, J. D. (1988) SOLMINEQ.88: A computer program for geochemical modeling of water-rock interactions. *U.S.G.S., Water-Resources Invest. Rept.* 88–4227, 420p.

Keenan, J. H., Keyes, F. G., Hill, P. G., Moore, J. G. (1969) *Steam table – thermodynamic properties of water including vapor, liquid and solid phases.* Wiley, New York, 169p.

Kerrick, D. M., Jacobs, G. K. (1981) A modified Redlich-Kwong equation for H_2O, CO_2, and H_2O-CO_2 mixtures at elevated temperatures and pressures. *Am. J. Sci.*, **281**, 735–767.

Kielland, J. (1937) Individual activity coefficients of ions in aqueous solutions. *J. Am. Chem. Soc.*, **59**, 1675–1678.

Millero, F. J. (1972) The partial molar volumes of electrolytes in aqueous solutions. In: Horne, R. A. (ed.), *Water and aqueous solutions*, John Wiley & Sons, pp.519–564.

Nordstrom, D. K., Munoz, J. L. (1994) *Geochemical thermodynamics, 2nd Ed.*, Blackwell Scientific Publications, 493p.

Obata, M., Banno, S., Mori, T. (1974) The iron-magnesium partitioning between naturally occurring coexisting olivine and Ca-rich clinopyroxene: An application of the mixture model to olivine solid solution. *Bull. Soc. fr. Minéral Cristallogr.*, **97**, 101–107.

Omori, S., Mariko, T. (1999) The physicochemical environment during the formation of the Mozumi skarn-type Pb-Zn-Ag deposit at the Kamioka mine, central Japan: Thermochemical study. *Mining Geology*, **49**, 223–232.

Parkhurst, D. L., Appelo, C. A. J. (1999) User's guide to PHREEQC (Version 2.0) – A computer program for speciation, batch reaction, one-dimentional transport and inverse geochemical calculation. *U.S.G.S., Water-Resource Invest. Rept.* 99–4259, 326p.

Pitzer, K. S., Sterner, S. M. (1995) Equations of state valid continuously from zero to extreme pressures with H_2O and CO_2 as examples. *International Journal* of *Thermophysics*, **16**, 511–518.

Powell, R., Holland, T. J. B. (1985) An internally consistent thermodynamic dataset with uncertainties and correlations: 1. Methods and a worked example. *J. Metamorph. Geol.*, **3**, 327–342.

Powell, R., Holland, T. J. B. (1988) An internally consistent thermodynamic dataset with uncertainties and correlations: 3. Application methods, worked examples and a computer program. *J. Metamorph. Geol.*, **6**, 173–204.

Powell, R., Holland, T. J. B., Worley, B. (1998) Calculating phase diagrams involving solid solutions via non-linear equations, with examples using THERMOCALC. *J. Metamorphic Geology*, **16**, 577–588.

Quist, A., Marshall, W. L. (1968) Electrical conductances of aqueous sodium chloride solutions from 0 to 800℃ and at pressures to 4000 bars. *J. Phys. Chem.*, **72**, 648–703.

Redlich, O., Kwong, J. N. (1949) An equation of state. Fugacities of gaseous solutions. *Chem. Rev.*, **44**, 233–244.

Reed, M. H. (1982) Calculation of multicomponent chemical equilibria and reaction processes in systems involving minerals, gases and an aqueous phase. *Geochim. Cosmochim. Acta*, **46**, 513–528.

Reid, R. C., Prausnitz, J. M., Sherwood, T. K. (1977) *The properties of gases and liquids*. McGraw-Hill, 688p.

Robie, R. A., Hemingway, B. S. (1995) Thermodynamic properties of minerals and related substances at 298.15 K and 1 bar (10^5 Pascals) pressure and higher temperatures. *Unites States Geological Survey Bulletin* No. 2131, 461p.

Robie, R. A., Hemingway, B. S., Fisher, J. R. (1979) Thermodynamic properties of minerals and related substances at 298.15 K and 1 bar (10^5 Pascals) pressure and at higher temperatures. *United States Geological Survey Bulletin* No.1452, 456p.

Sherman, D. M., Ragnarsdottir, K. V., Oelker, E. H., Collins, C. R. (2000) Speciation of tin (Sn^{2+} and Sn^{4+}) in aqueous Cl solutions from 25 to 350℃: An in site EXAFS study. *Chem. Geol.*, **167**, 169–176.

Shmonov, V. M., Shmulovich, K. I. (1974) Molar volumes and equations of state for CO_2 between 100-1000℃, and 2000-10000 bars. *Nauk USSR Doklady*, **217**, 935–938.

Shock, E. L., Helgeson, H. C. (1988) Calculation of the thermodynamic and transport properties of aqueous species at high pressures and temperatures: Correlation algorithm for ionic species and equation of state predictions to 5 kb and 1000 ℃. *Geochim. Cosmochim. Acta*, **52**, 2009–2036.

Shock, E. L., Oelkers, E. H., Johnson, J. W., Sverjensky, D. A., Helgeson, H. C.

(1992) Calculation of the thermodynamic properties of aqueous species at high pressures and temperatures: effective electrostatic radii, dissociation constants, and standard molal properties to 1000℃ and 5 kb. *Jour. Chemical Society Faraday Transactions*, **88**, 803–826.

Shock, E. L., Sassani, D. C., Willis, M., Sverjensky, D. A. (1997) Inorganic species in geologic fluids: Correlations among standard molal thermodynamic properties of aqueous ions and hydroxide complexes. *Geochim. Cosmochim. Acta*, **61**, 907–950.

Spear, F. S. (1993) *Metamorphic phase equilibria and pressure-temperature-time paths*. Mineralogical Society of America, 799p.

Staples, B. R., Nuttall, R. L. (1977) The activity and osmotic coefficients of aqueous calcium chloride at 298.15 K. *J. Phys. Chem. Ref. Data*, **6**, 385–405.

Storey, S. H., Van Zeggeren, F. (1964) Computation of chemical equilibrium compositions. *Can. J. Chem. Eng.*, **42**, 54–55.

Sverjensky, D. A., Shock, E. L., Helgeson, H. C. (1997) Prediction of the thermodynamic properties of aqueous metal complexes to 1000℃ and 5 kb. *Geochim. Cosmochim. Acta*, **61**, 1359–1412.

Tanger, J. C., Helgeson, H. C. (1988) Calculation of the thermodynamic and transport properties of aqueous species at high pressures and temperatures: Revised equations of state for the standard partial molal properties of ions and electrolytes. *Amer. J. Sci.*, **288**, 19–98.

Uchida, E., Goryozono, Y., Naito, M. (1996) Aqueous speciation of magnesium, strontium, nickel and cobalt chlorides in hydrothermal solutions at 600℃ and 1 kbar. *Geochemical J.*, **30**, 99–109.

Uchida, E., Goryozono, Y., Naito, M., Yamagami, M. (1995) Aqueous speciation of iron and manganese chlorides in supercritical hydrothermal solutions. *Geochemical J.*, **29**, 175–188.

Uchida, E., Inoue, R., Ogiso, K. (1998) Aqueous speciation of cadmium chloride in supercritical hydrothermal solutions at 500 and 600℃ under 0.5 and 1 kbar. *Geochemical J.*, **32**, 339–344.

Uchida, E., Naito, M., Ueda, S. (1998) Aqueous speciation of zinc chloride in supercritical hydrothermal solutions from 500 to 700℃ and 0.5 and 1.0 kbar. *Geochemical J.*, **32**, 1–9.

Uchida, E., Sakamori, T., Matsunaga, J. (2002) Aqueous speciation of lead and tin chlorides in supercritical hydrothermal solutions. *Geochemical J.*, **36**, 61–72.

Wolery, T. J. (1979) Calculation of chemical equilibrium between aqueous solution and minerals: the EQ3/6 software package. Lawrence Livemore National Laboratory, UCRL-52658, 191p.

Wolery, T. J. (1992) EQ3/6, a software package for geochemical modeling of aqueous systems: Package overview and installation guide (Version 7.0), Laurence Livemore National Laboratory, UCRL-MA-110662 PTI, 66p.

Wood, B. J., Fraser, D. G. (1977) *Elementary thermodynamics for geologists*, Oxford University Press, 303p.

Wood, B. J., Holloway, J. R. (1984) A thermodymanic model for subsolidus equilibria in the system $CaO-MgO-Al_2O_3-SiO_2$. *Geochim. Cosmochim. Acta*, **48**, 159–176.

Wood, B. J., Nicholls, J. (1978) The thermodynamic properties of reciprocal solid solutions. *Contrib. Mineral. Petrol.*, **66**, 389–400.

索　引

【欧文】

ACF 図　65

Eh-pH 図　115
EQ3/6　127

HKF モデル　128

ICP 発光分光分析装置　101

$\log f_{O_2}$-pH 図　112

PECS　127
Perplex　89
PHREEQC　127

SOLMINEQ.88　127
SOLVEQ/CHILLER　127

The Geochemist's Workbench　127
THERMOCALC　89
T-x_{CO_2} 図　32

X 線回折法　16

【ア】

圧縮因子　26
圧縮係数　26
圧縮率　10, 16
圧縮率因子　26
圧力依存性　9
アボガドロ定数　39
安定同位体　50

【イ】

イオウ溶存種　112
イオン会合体　102, 105
イオン会合反応　102, 103
イオン化可能な水素イオン濃度　120, 122, 126
イオン強度　99
イオン結合性　102
イオンサイズパラメータ　99
イオン対　102
イオンの最近接距離　99
イオン半径　93, 94
一変線　61, 67, 77, 80, 82, 84
陰イオン　93, 97

【エ】

エンタルピー　3, 7
エンタルピー保存則　121
エントロピー　4, 7

【オ】

温度・圧力依存性　6, 128

索　引　**147**

温度-圧力図　30, 61
温度依存性　6

【カ】

外界　64
開放系　70
解離　102
化学的混合　40
化学反応式　74, 75
化学ポテンシャル　13, 40, 43, 44, 48, 49, 54, 56, 63, 70, 97
化学ポテンシャル図　74, 76, 80
化学量論係数　1, 74
可逆過程　5
過剰化学ポテンシャル　43
過剰混合エンタルピー　42
過剰混合ギブスエネルギー　42, 48, 54
過剰成分　65
過剰相互作用　38
過剰相互作用内部エネルギー　41
活動度係数　29, 98, 100
活動度図　109
活量係数　29
過飽和　123
カロリメトリー法　13
還元イオウ溶存種　118
換算圧力　26
換算温度　26
換算体積　26
岩石-水相互作用　117
完全移動性成分　63, 70, 80, 85
完全気体　21

【キ】

機械的エネルギー　6
機械的混合　40
機械的仕事　5, 70
気相圧　30

気体定数　21
規定固定性成分　65
希薄溶液　97
ギブスエネルギー　1, 6, 70, 128
ギブスエネルギー曲線　45, 49, 67
ギブスエネルギー最小化法　85
ギブスの相律　59
共生関係　61, 63
行列式　74

【ク】

クラペイロン-クラウジウスの式　12, 72

【ケ】

結晶学的半径　128
結晶内元素交換反応を伴う多席固溶体　53, 55
結晶内元素交換反応を伴わない多席固溶体　53
結晶内分配係数　57
原子吸光分析装置　101
元素交換反応　49

【コ】

広域X線吸収微細構造　103
格子エネルギー　97
高次クロロ錯体　105
高次錯体　103
構造形成イオン　94
構造形成領域　93
構造破壊イオン　94
構造破壊領域　93
鉱物学的相律　63
鉱物共生関係　64, 65
鉱物組み合わせ　6, 85
鉱物相平衡計算　89
鉱物相平衡実験　16

鉱物相平衡図　89
鉱物と水溶液間の平衡　105
鉱物-熱水間イオン交換平衡　103
鉱物飽和度指数　122
氷　90
固相圧　30
固定性成分　60, 63, 70, 80, 85
固溶体　38, 87
固溶体鉱物　49
コルジンスキー　71
コルジンスキーの鉱物学的相律　64, 67
ゴールドシュミットの鉱物学的相律　63, 67, 80
混合エンタルピー　38
混合エントロピー　38
混合気体　28
混合ギブスエネルギー　39, 45
混合ギブスエネルギー曲線　45

【サ】

最近接粒子　41
錯イオン　102
錯体　102, 103, 105
サーチ・パラメータ　85
酸化イオウ溶存種　118
酸化還元電位　115
酸化・還元反応　32
三重点　61, 90
酸素　32

【シ】

示強変数　59
実効圧力　22
実在気体　21, 23
実在溶液　40
質量作用式　106, 107, 119
質量バランス　75

質量保存　18, 119
質量保存式　75, 85, 106, 119
修正HKFモデル　128
修正レドリッヒ-クウォンの状態方程式　27, 35
従属成分　105–107, 118
自由度　59
重量モル濃度　98
シュライネマーカースの束（束線）　61
状態関数　4
状態図　90
状態方程式　21, 23

【ス】

水蒸気　90
水素結合　91
水溶液　90
水和　93
水和イオン　99, 102
水和エネルギー　93, 97, 102
水和ギブスエネルギー　128
水和現象　93
スターリングの公式　39
スピノーダル　45, 49

【セ】

生成ギブスエネルギー　17
生成定数　103
正則溶液　40
静電収縮　94
静電的相互作用　94, 99, 103
席　50, 53
絶対エントロピー　9

【ソ】

双極子　93
双極子モーメント　93
相互作用内部エネルギー　41

索　引　**149**

相互作用パラメータ　42, 48, 49, 54, 56
相図　90
相反エネルギー　55
相平衡計算　84
相平衡計算ソフトウェア　89
相平衡図　80, 84, 90
束線マトリックス　74
組成-化学ポテンシャル図　66, 71
組成-共生図　63, 87
ソルバス　45, 49

【タ】

対称正則溶液　43
体積モル濃度　98
多形　1, 91
多席固溶体　53
　　　結晶内元素交換反応を伴う――　53, 55
　　　結晶内元素交換反応を伴わない――　53
多束線図　67, 69
単純イオン　111
端成分　54, 55, 63, 87

【チ】

地化学温度計　124
逐次近似法　85, 106, 119
逐次生成定数　106
地質温度計・圧力計　49
地熱系　117, 123
地熱貯留層　119
中性溶存種　100, 102
超臨界水　91
貯留層温度　125

【テ】

定圧熱容量　7

テトラクロロ錯体　105
デバイ-ヒュッケルの拡張式　100, 120
デバイ-ヒュッケルの極限則　100
デバイ-ヒュッケルの式　99, 106
電解質水溶液　93, 97
電解質物質　93
電解質溶液　97

【ト】

同形置換成分　64
独立成分　59, 105, 106, 118
独立変数　4, 70
トリクロロ錯体　105

【ナ】

内部エネルギー　3

【ニ】

2相分離　43
ニュートン-ラフソン法　106

【ネ】

熱運動エネルギー　99
熱水/岩石比　126
熱的エネルギー　6
熱的仕事　6, 70
熱膨張率　10, 16
熱力学第一法則　5
熱力学第三法則　9
熱力学的データ　13, 117, 128
熱力学的データセット　16
熱力学データ集　16
熱力学ポテンシャル　3, 70, 71

【ハ】

配位結合　105
配位結合性　103
配位子　103

150　索　　引

配位数　41, 93
バイノーダル　45, 49
バルク水　94
反応ギブスエネルギー　8, 18
反応曲線　61
反応係数　1
反応式　61

【ヒ】

非対称基準系　97
非対称正則溶液　48
比誘電率　99
標準エントロピー　11
標準生成エンタルピー　9
標準生成エントロピー　17
標準生成ギブスエネルギー　9, 18
ビリアル係数　28
ビリアル状態方程式　28
微量成分　64

【フ】

ファラデー定数　116
ファン・デル・ワールスの状態方程式　23
ファン・デル・ワールス力　23
フガシティー　21
フガシティー係数　23
複合系　67
不混和　43
負の自由度　67
負の水和　94
部分モル体積　94
不変点　67, 82, 84, 90
不飽和　123
ブラッグ-ウィリアムズ近似　43, 48
分配係数　50

【ヘ】

平衡曲線　12, 32, 61, 74, 84, 111, 115
平衡定数　50, 106, 122
閉鎖系　70
ヘルムホルツエネルギー　3
ヘンリーの法則　44, 98

【ホ】

飽和度指数　122, 125
ボルツマン因子　42
ボルツマン定数　39
ボルツマンの関係式　39
ボルツマンの分布則　99
ボルン係数　129
ボルンの静電理論　128
ボルン-バーバーサイクル　97

【ミ】

見掛けの生成ギブスエネルギー　17, 71, 131
水　90
　——の比誘電率　102
水クラスター　93

【ム】

無関与成分　64
無限希薄溶液　97
無熱溶液　40

【ユ】

有効イオン半径　128
優勢溶存種　109, 112

【ヨ】

陽イオン　93, 97
溶液　38
溶解度　103, 107
溶解度積　122

溶解反応　16, 108, 122, 126
溶質　97
溶存化学種　101
溶存種　101, 106, 117
溶存種濃度　105, 119
溶媒　97

【ラ】

ラウールの法則　44, 97
ラグランジュの未定乗数　86
ラグランジュの未定乗数法　85

【リ】

理想気体　21
理想希薄溶液　44, 98
理想混合エントロピー　38
理想多席固溶体　58
理想溶液　38, 40

離溶　43
離溶現象　45
臨界圧力　25
臨界温度　25, 45
臨界現象　24
臨界体積　25
臨界点　90

【ル】

ルイス-ランダル則　29
ル・シャトリエの法則（原理）　77, 82
ルジャンドル変換　4, 70

【レ】

レドリッヒ-クウォンの状態方程式　27
連続固溶体　45

著者略歴

内田 悦生(うちだ えつお)

1977年　早稲田大学理工学部卒業
1982年　東京大学大学院理学系研究科 博士課程修了
現　在　早稲田大学理工学術院 教授
　　　　理学博士
専　門　岩石・鉱物・鉱床学, 文化財科学

岩石・鉱物のための熱力学 *Thermodynamics in Mineralogy and Petrology*	著　者　内田悦生 © 2012 発行者　南條光章 発行所　共立出版株式会社 　　　　東京都文京区小日向 4-6-19 　　　　電話　03-3947-2511（代表） 　　　　〒112-0006／振替口座 00110-2-57035 　　　　URL www.kyoritsu-pub.co.jp
2012 年 9 月 15 日　初版 1 刷発行 2022 年 9 月 10 日　初版 3 刷発行	印　刷　啓文堂 製　本　ブロケード
検印廃止 NDC 458, 459 ISBN 978-4-320-04676-4	一般社団法人 自然科学書協会 会員 Printed in Japan

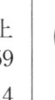

JCOPY ＜出版者著作権管理機構委託出版物＞
本書の無断複製は著作権法上での例外を除き禁じられています．複製される場合は，そのつど事前に，出版者著作権管理機構（TEL：03-5244-5088，FAX：03-5244-5089，e-mail：info@jcopy.or.jp）の許諾を得てください．